"十三五"职业教育无人机应用技术专业规划教材

UAS ASSEMBLY DEBUGGING AND MAINTENANCE

无人机
组装调试与检修

冯登超 齐霞 主编

化学工业出版社

· 北京 ·

内 容 提 要

本书针对无人机应用技术专业培养目标，围绕无人机组装、调试与检修的技能要求，结合"无人机装调检修工"的定义及工作任务，坚持"理实结合"的理念进行编写。本书将无人机结构与系统知识"缩影化"，通过罗列重点可让读者快速熟悉无人机的基础知识，在系统认知的基础上，重点分开叙述了多旋翼和固定翼无人机的组装和调试，为开展实操课程奠定坚实的基础；从日常检查保养、预防性维修和修复性维修三个方面讲述了无人机的检修，为处理相关故障提供了方向。本书内容丰富，图文并茂，且配套电子课件。

本书可作为高职高专院校无人机应用技术专业及相关专业的教学用书，也可以作为无人机装调检修工的参考用书。

图书在版编目（CIP）数据

无人机组装调试与检修/冯登超，齐霞主编. —北京：化学工业出版社，2020.9（2025.1重印）
"十三五"职业教育无人机应用技术专业规划教材
ISBN 978-7-122-36969-7

Ⅰ.①无… Ⅱ.①冯… ②齐… Ⅲ.①无人驾驶飞机-组装-职业教育-教材②无人驾驶飞机-调整试验-职业教育-教材③无人驾驶飞机-检修-职业教育-教材 Ⅳ.①V279

中国版本图书馆 CIP 数据核字（2020）第 084383 号

责任编辑：韩庆利　葛瑞祎　　　　　　　装帧设计：史利平
责任校对：杜杏然

出版发行：化学工业出版社（北京市东城区青年湖南街 13 号　邮政编码 100011）
印　　装：河北延风印务有限公司
787mm×1092mm　1/16　印张 11　字数 268 千字　2025 年 1 月北京第 1 版第 7 次印刷

购书咨询：010-64518888　　　　　　　　售后服务：010-64518899
网　　址：http://www.cip.com.cn
凡购买本书，如有缺损质量问题，本社销售中心负责调换。

定　　价：38.00 元　　　　　　　　　　　　　　版权所有　违者必究

编 写 人 员

主　　编　冯登超　齐　霞

副 主 编　杨玉峰

主　　审　王水璋

参编人员（排名不分先后）

　　　　　杨　光（南京多基观测技术研究院）

　　　　　张昧藏（中国空间技术研究院北京空间机电研究所）

　　　　　杜振坤（中国水利水电科学研究院）

　　　　　车　颖（山东省淄博人民警察训练基地）

　　　　　邓祁军（广东司法警官职业学院）

　　　　　黄莹珠（中国科学院国家空间科学中心）

　　　　　王　望（洛阳科技职业学院）

　　　　　闫文娟（南京机电职业技术学院）

　　　　　白亮亮（新疆工程学院）

前言

　　2020年2月，"无人机装调检修工"成为一个新职业，正式纳入国家职业分类目录，近百万从事无人机装调检修工作的人员有了职业归属，同时，也为行业人才的选用与培养提出了明确的方向。无人机应用技术专业是近些年根据无人机的需求设立的新专业，对于培养一批高素质的符合岗位要求的专业人才队伍具有重要意义。

　　随着无人机技术的不断进步，无人机系统在军用、警用和民用领域的应用更加广泛，为确保有效、安全地操作使用无人机，对无人机系统的组装、调试、检修等工作提出了更高的要求。无人机的组装、调试、检修等，今后必将成为一种社会发展亟需的技能，通过学习掌握这门知识，会具有更加广阔的职业前景。目前，无人机教材的理论体系、结构、学科内容并不很完善，对于初学者来说，选取一本适合的教材并不容易，故在编写过程中尽可能采用浅显易懂的表述，深入浅出介绍飞行原理，并选取重要的知识点进行拓展介绍，为课后延展学习提供线索，旨在增强教材的可读性，强化理论的说服力，拓展阅读视野，促进师生互动。

　　本书是"十三五"职业教育无人机应用技术专业规划教材，其主要针对无人机应用技术专业的培养目标，围绕无人机组装、调试与检修的技能要求，结合"无人机装调检修工"的定义及工作任务，坚持"理实结合"的理念进行编写。本书共6章，主要内容包括：无人机系统概述、无人机装调工具与工艺、多旋翼无人机系统组装、固定翼无人机系统组装、无人机系统调试、无人机检修。

　　本书配套电子课件与课后习题答案，可赠送给本书的使用院校与老师，如有需要，可登录www.cipedu.com.cn下载。

　　本书由英国皇家特许工程师冯登超博士、广东司法警官职业学院齐霞副教授担任主编，西安理工大学杨玉峰副教授担任副主编，南京多基观测技术研究院王水璋高级工程师担任主审，多位学者共同编写，具体分工如下：第1章无人机系统概述由杜振坤、杨玉峰、黄莹珠共同编写；第2章无人机装调工具与工艺由杨光、白亮亮、邓祁军、张昧藏、冯登超共同编写；第3章多旋翼无人机系统组装由齐霞、车颖、王望共同编写；第4章固定翼无人机系统组装由杨光、杨玉峰、邓祁军共同编写；第5章无人机系统调试由杨光、闫文娟共同编写；第6章无人机检修由杨光、冯登超、齐霞共同编写。

　　本书由冯登超、齐霞进行策划并统稿，在编写过程中，得到了国家农信中心潘瑜春研究员、中国资源卫星应用中心曾湧研究员、天津理工大学张宝峰教授、天津理工大学马秀荣教授、天津大学李锵教授、西安电子科技大学孙万蓉教授、南京信息工程大学行鸿彦教授、西安理工大学柯熙政教授、南京机电职业技术学院刁爱军教授、国家国防科工局王家东高级工程师、中国船舶重工集团公司第七〇九研究所何志峰研究员、原北京军区郑兴高级工程师、中国航天系统科学与工程研究院吴洋工程师、中国民用航空飞行学院王在俊副研究员、四川九洲集团高级工程师苗东及康林双工程师、山东淄博市沂源县公安局王明才、广州市公安局天河区分局吴毅等多位专家的悉心指导与帮助，另外，山东省淄博人民警察训练基地张玉森、张远锴、李勇、于洋、鲁少华，美国贝勒大学方子祺，广东司法警官职业学院苏学晖、冯昱榕等为本书的编写工作积极收集资料和素材，在此一并表示感谢。在本书编写过程中，编者查阅了大量的文献，吸收了多位学者的理论观点，借鉴了许多专家的实践劳动成果，在此表示衷心的感谢。

　　由于编者的经验和水平有限，书中难免存在疏漏和不足之处，敬请广大同仁、读者批评指正。

编　者

目录

第1章
无人机系统概述

近年来，随着我国科技实力日益增强，无人机应用技术得到了快速发展，应用领域也越来越广泛，特别是在军事和民用领域，相关应用与研究开始趋向成熟。无人机由于其机型小巧、控制灵活、反应快速、搭载选择多，易于在各个行业实现快速应用，例如搭载了航拍模块的飞行器能实现航拍功能，搭载了探测模块的飞行器能实现线路检测功能。无人机在农业灌溉、安全防范、海洋监测、矿物探测等领域中正在被广泛应用。

1.1 无人机的定义

无人驾驶航空飞行器简称无人机，即 UAS（Unmanned Aircraft System），是利用无线电遥控设备和自主程序控制装置来操纵不载人的飞行器。无人机可以基于不同程度的自主控制，从无线遥控飞行的半自主控制，到半自动控制，再到完全自主控制。

从技术名词的角度而言，无人机通常被定义为可自动完成从起飞到降落的整个过程无人驾驶的飞行器。按照无人机的结构与飞行原理可以分为：固定翼无人机、多旋翼无人机、无人直升机、扑翼机等。近年来多旋翼无人机在众多无人机中脱颖而出，成为众多企业和高校争相研究的热点。国内外著名的无人机厂商如大疆、零度、Parrot 和 3D Robotics 等均以多旋翼无人机为主打产品。

提到无人机，很多人以为它是现代科技的产物。事实上，从航空技术萌芽之初，军方就开始研发不需要飞行员驾驶的飞机了，无人机的发展已经有近百年的历史。无人机的诞生可以追溯到 1914 年。当时正在发生第一次世界大战，英国皇家空军提出并研制了一种不用人驾驶而用无线电操纵的小型飞机，装上炸药后将其引导到目标区，用以攻击德军空中和地面目标，该计划被命名为"A·T"，即"空中靶标"。战争是推动早期军用无人机发展的基本动力，1917 年英国研制成功了世界上第一架无人机。与此同时，美国也开始了无人机的研发，1917 年，美国第一架无人机在纽约长滩试飞成功。但由于此类无人机仅作为炸弹使用，无法实现回收，也无法完成遥控操作、自主飞行等复杂任务。严格意义上，这些无人机还不能算是真正意义上的无人机。真正意义上的第一架无人机是 20 世纪 30 年代英国制造的蜂后无人机（Queen Bee Target Drone）。中国无人机的研究始于 20 世纪 50 年代后期，1966 年12 月，中国第一架无人机"长空一号"首飞成功。

无人机经历了无人靶机、预编程序控制无人侦察机、指令遥控无人侦察机和复合控制的多用途无人机的发展过程。从 20 世纪 80、90 年代开始，无人机得到了广泛应用。各国制造的无人机有近百种，其质量从数公斤到上百公斤，航程从数公里到上千公里，飞行速度从大于 100km/h 到超音速。

1.2 无人机的分类

随着相关技术水平的提高，由于无人机的研发和生产成本不断降低、大量现成技术可以应用、市场潜力巨大等因素，世界无人机市场近年来迅猛发展。特别是在近年来的几次高技术局部战争中，无人机的出色表现更是极大地提高了世界各国对它的重视程度。

无人机传统的分类方法是按其产生升力的结构部件、动力装置的类型以及无人机的用途、重量、航时、航程、飞行速度和飞行高度等进行分类。随着无人机技术的发展，已形成了高中低空、远中近程、大中小型、战略战术、侦查监视、电子对抗、攻击作战等多层面、多梯次搭配的无人机体系。目前已经形成了型号种类繁多、形态各异、丰富多彩的现代无人机家族，而且新概念还在不断涌现，创新的广度和深度也在不断加大，所以无人机的分类也正在不断完善和丰富。常用的分类方法叙述如下。

(1) 按飞行平台构型分类

按飞行平台构型的不同，无人机可分为固定翼无人机、旋翼无人机、无人飞艇、伞翼无人机、扑翼无人机、无人机飞船等。其中固定翼无人机和旋翼无人机的应用比较广泛。旋翼无人机可以分为单旋翼无人机（直升机）和多旋翼无人机，还包括近年流行起来的一种复合翼无人机，简要介绍如下。

① 固定翼无人机　固定翼无人机是指无人驾驶固定翼航空飞行器，属于动力航空飞行器的范畴，即自身的比重比空气的比重大，需要依靠动力装置提供飞行动力，能够在空气中进行持续、可控飞行的飞行器，如图1-1所示。固定翼无人机的优点是续航时间长、飞行速度快、飞行效率高和载荷大，缺点是起飞和降落时机场需要有长距离跑道、不能进行空中悬停等。

② 旋翼无人机　旋翼无人机是指具有一个或多个由发动机驱动的旋转机翼，具备垂直起落和空中悬停飞行性能的无人航空飞行器，如图1-2所示。旋翼无人机的旋翼转轴都近于垂直，在动力装置的驱动下高速旋转，产生向上的拉力，因而旋翼无人机从功能上来讲是以旋翼作为其主要升力来源的垂直起落飞机。旋翼通过发动机驱动在空气中旋转，给周围空气以扭矩，因而空气必定以大小相等、方向相反的扭矩作用于旋翼，继而传递

图1-1　固定翼无人机

到机体上。如果不采取补偿措施，这个反扭矩将使机体发生逆向旋转。为了消除这个反扭矩作用以保持旋翼无人机机体的航向，可以采用不同的方式，在设计上也就出现了不同构造形式的多旋翼无人机。旋翼无人机具有：垂直升降，空中悬停，小速度前飞、后飞、侧飞，原地回转和树梢高度飞行等飞行特点。这些飞行的特点使得旋翼无人机在飞行和使用上要比固定翼无人机更灵活，在很多固定翼无人机无法进行的领域或地区大有用武之地。当然，旋翼无人机与固定翼无人机相比，也具有飞行速度较慢、耗能较大、航程较短等缺点。

③ 直升机 无人直升机具有大多数固定翼无人机所不具备的垂直升降、悬停、小速度向前或向后飞行的特点，如图1-3所示。无人直升机在空中飞行，升力由一个或两个旋翼与空气进行相对运动的反作用获得，升力产生原理与机翼相似，只不过这个升力来自绕固定轴旋转的"旋翼"。旋翼不像固定翼无人机那样依靠整个机体向前飞行来使机翼与空气产生相

图1-2 多旋翼无人机

对运动，而是依靠自身旋转产生与空气的相对运动。但是，在旋翼提供升力的同时，无人直升机机身也会因反扭矩（与驱动旋翼旋转等量但方向相反的扭矩，即反作用扭矩）的作用而具有向反方向旋转的趋势。为了克服"旋翼"旋转产生的反作用扭矩，常见的做法是用另一个小型旋翼，即尾桨，在机身尾部产生抵消反向运动的力矩，这种直升机称之为单旋翼直升机；另外一种做法是采用旋翼之间反向旋转的方法来抵消反扭矩的作用，即共轴反桨直升机。

图1-3 无人直升机

④ 复合翼无人机 复合翼无人机通过综合固定翼无人机和旋翼无人机获得了独特的垂直起降性能优势，同时能较大限度地保持固定翼无人机平台的飞行性能，特别是续航性能和速度性能。复合翼无人机具有比无人直升机和多旋翼无人机更长的续航时间，且起降飞行场地比固定翼无人机小很多，它使得固定翼无人机能够在极小的场地使用，这是其他方式都不能实现的。

图1-4 复合翼无人机

复合翼无人机的机体是多旋翼无人机和固定翼无人机的有机结合。起降时利用旋翼垂直起降，在到达预定高度时利用固定翼实现长距离续航，如图1-4所示。

（2）按无人机动力装置分类

按动力装置可把无人机分为电动式无人机、油动式无人机和油电混合式无人机。

① 电动式无人机大多数采用无刷电机

作为动力装置，由聚合物锂电池或燃料电池提供能量。

② 油动式无人机通常采用活塞式发动机或涡轮轴发动机作为动力装置。

③ 油电混合式无人机通常采用燃油发动机和电动机作为动力装置，燃油发动机发电，在驱动电动机方面继承了电动式无人机、油动式无人机的优点，并克服了它们的缺点。

（3）按无人机用途分类

按照用途不同，可将无人机分为民用无人机和军用无人机两大类。

无人机在民用领域应用极为广泛，按照应用范围可以细分如下。

① 林业部门的护林防火、播种和病虫害防治。

② 石油开发服务、输油管路监测和安全保护。

③ 物流快递公司送货。

④ 电力部门的输电线路建设、巡查和维护。

⑤ 新闻及电影方面的航空拍摄。

⑥ 环保部门的环境污染及土地状况监测。

⑦ 海关走私活动侦查。

⑧ 普查机构的地理、地质状况勘测。

⑨ 水务部门的水务与水管道监测、维护。

⑩ 涉及公共安全的巡逻侦查、治安防控、城市管理和应急救援等警务政务应用。

无人机在军事方面的应用主要有边防巡逻、空中侦察、监视、电子干扰以及通信中继等。对于直接应用于战场作战的无人机，根据其性能通常做如下分类。

① 战略无人机，是指能够执行战略任务的无人机。目前无人机中的高空长航时无人机、临近空间无人机和空天无人机可以被称为战略无人机。

② 战术无人机，是用于完成各类战术任务的无人机。战术无人机的涵盖范围十分广阔，除战略无人机外的各种军用无人机均属于战术无人机。

③ 无人作战飞机，是能够重复使用、可在对抗环境下执行高强度火力打击任务或空战任务的无人机，可以细分为对地攻击无人机和制空作战无人机两种。

④ 警用无人机，是一种新型警用装备，可协助警务执法部门协助完成空中监控、日常巡逻、搜索跟踪等任务，并能够对现场进行高质量视频采集以及实时音频采集，及时传送到指挥中心，供后方进行判断和决策。

（4）按无人机重量分类

按大小分类，无人机可以分为微型、轻型、小型和大型无人机。此种分类的依据为《民用无人机驾驶航空器系统驾驶员管理暂行规定》。

① 微型无人机，是指空机质量小于或等于7kg的无人机。

② 轻型无人机，是指空机质量大于7kg，但小于或等于116kg的无人机，且全马力平飞中，校正空速小于100km/h（55海里每小时），升限小于3000m。

③ 小型无人机，是指空机质量小于或等于5700kg的无人机，微型和轻型无人机除外。

④ 大型无人机，是指空机质量大于5700kg的无人机。

（5）按无人机飞行航时分类

无人机飞行航时是指无人机的续航时间，即无人机在加满燃油后飞行过程中不进行空中加油的情况下，耗尽其本身携带的可用燃料所能持续飞行的时间。续航时间是无人机最重要的性能指标之一，可直接表明无人机一次加油后的持久作战或持久飞行的能力。续航时间与飞行速度、飞行高度、发动机工作状态等多种参数有关。合理选择飞行参数，使无人机在单位时间内所耗燃料量最少，无人机就能获得最长的续航时间。

按照飞行航时可将无人机分为超短航时、短航时、中航时、中长航时、长航时无人机等，飞行留空时间如下。

① 超短航时无人机，飞行留空时间为 0.5h 及以下。

② 短航时无人机，飞行留空时间为 0.5～3h。

③ 中航时无人机，飞行留空时间为 3～10h。

④ 中长航时无人机，飞行留空时间为 10～24h。

⑤ 长航时无人机，飞行留空时间为 24～48h 及以上。

（6）按无人机活动半径分类

无人机飞行航程是指无人机的续航距离，即无人机在加满燃油后飞行中途不补充燃料可以飞行的最大距离。按照无人机的飞行航程可将无人机分为超近程、近程、短程、中程和远程无人机等，具体分类如下。

① 超近程无人机，活动半径在 5km 以内的无人机。

② 近程无人机，活动半径为 5～50km 的无人机。

③ 短程无人机，活动半径为 50～200km 无人机。

④ 中程无人机，活动半径为 200～800km 无人机。

⑤ 远程无人机，活动半径大于 800km 的无人机。

（7）按无人机飞行速度分类

无人机飞行时相对于不同的坐标环境会有多种速度，其中空气相对于无人机质心的运动速度定义为真实空速，简称真速或空速。而无人机质心相对于空气的速度，称为飞行速度，它与真实空速速率相等，方向相反。无人机质心相对于地面的运动速度称为对地速度，简称地速。在平静大气中，即无风时，空速等于地速。这里进行无人机速度分析时，指的是无风时的空速或地速。按照飞行速度可将无人机分为低速、亚音速、跨音速、超音速、高超音速无人机，其衡量指标一般参照马赫数（Ma）。马赫数是无人机速度与当地音速的比值。根据马赫数的不同，无人机分类如下。

① 低速无人机，飞行速度小于 0.3Ma。

② 亚音速无人机，飞行速度一般为 0.3～0.7Ma。

③ 跨音速无人机，飞行速度一般为 0.7～1.2Ma。

④ 超音速无人机，飞行速度一般为 1.2～5Ma。

⑤ 高超音速无人机，飞行速度一般大于 5Ma。

注：Ma 为马赫数，马赫是表示速度的量词，通常用于表示飞机、导弹、火箭的飞行速度。1Ma≈340m/s。

（8）按无人机飞行高度分类

无人机飞行高度是指无人机在空中飞行至某一基准水平面的垂直距离，一般无人机飞行高度层是以标准大气压下海平面作为基准水平面来计算的。地球周围的大气层的空气密度随高度而减小，高度越高空气越稀薄。按照飞行高度可将无人机分为以下类型。

① 超低空无人机，飞行高度为 100m 以下。

② 低空无人机，飞行高度为 100～1000m。

③ 中空无人机，飞行高度为 1000～7000m。

④ 高空无人机，飞行高度为 7000～18000m。

⑤ 超高空无人机，飞行高度大于 20000m。

1.3 无人机系统的组成

1.3.1 无人机系统的定义

无人机与有人驾驶飞行器最大的区别是机上没有搭载驾驶员，即机上无人操作驾驶。无人机看似无人驾驶，但离不开身在地面或船舶上的驾驶员的操纵控制。身处地面或船舶上操纵控制无人机的人称为无人机驾驶员，他与无人机飞行平台构成一个完整的人机系统，是一种闭环控制回路系统。无人机的"机上无人，人在系统"的特点，使得无人机具有许多有人驾驶飞行器无可比拟的性能，除了结构大为简化外，还可以执行各种高度危险的任务。

无人机系统是指无人机及与其配套的地面控制设备、数据通信设备、维护设备、指挥控制及其必要的操作、维护人员的统称，是一个高度智能化的闭环反馈控制系统。不同类型和不同使用环境下的无人机可以选择不同的系统。安装无人机地面控制设备和数据通信设备的通信站，既可以建在地面上，也可以设置在车、船或其他平台上。通过通信站及数据链路实现空中传输。地面操作人员不但可以获得无人机所侦查到的信息，而且还可以向无人机发布指令，控制它的飞行，使无人机能够顺利完成任务。

目前，无人机系统的概念已经获得了航空界、学术界和工业界的全面认可，现在都是从系统的角度来研究、运用和管理无人机的，所以无人机的规范称呼应该是"无人机系统"。无人机系统示意图如图 1-5 所示。

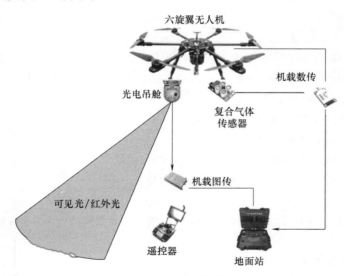

图 1-5　无人机系统示意图

无人机系统包括无人机空中系统、地面系统、任务载荷系统和综合保障系统。其中，无人机空中系统由飞行平台、动力系统、飞行控制系统、导航系统、避让防撞系统、数据链路机载终端等组成；地面系统由地面指挥控制系统、数据链路地面终端、起降控制、地面辅助设备和情报处理系统等组成；任务载荷系统是无人机完成任务所需的系统，由航拍摄影、侦查监视、通信情报、电子对抗、武器炸弹、灾难救援、气象观测、地理测绘、资源勘探、管道巡检及农林植保等领域的各种专用设备组成；综合保障系统是保证无人机系统能够正常工作的支援保障系统，主要包括人员配备及其使用培训、维护保障和维修设备、通信和机场设施等。无人机系统的组成如图1-6所示。

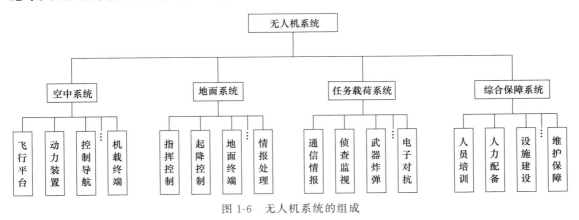

图1-6 无人机系统的组成

1.3.2 无人机空中系统

(1) 无人机飞行平台

无人机飞行平台是无人机系统中最基本、最重要的部分，其主要功能是承载任务载荷及搭载确保无人机安全飞行所需的各个子系统到达工作地点展开工作。无人机飞行平台的子系统包括无人机机体、发动机、飞行控制导航设备、通信链路、增稳与控制设备，以及燃油、发供电设备和用于发射、任务装载及回收等辅助装置。无人机飞行控制与导航系统、任务载荷虽然都是机载的，但都是独立的子系统，能够在不同型号的无人机上通用，并且经过特殊设计，能够完成各种不同的任务。

无人机系统设计需要考虑的主要因素是用途、工作环境、飞行性能和起降条件。其中，用途主要是指军用还是民用；工作环境与用途是密切相关的，包括海拔高度、气象条件、地形地貌等；飞行性能主要是指载重、航程、巡航速度、续航时间、最大飞行速度、升限等，这些性能指标是根据具体任务需求提出的；起降条件是指当无人机执行任务时有无供固定翼无人机起飞和着陆的场地或发射回收设备，如果没有，就只能选择多旋翼无人机。

(2) 无人机飞行控制与导航系统

无人机飞行控制系统由敏感装置、飞行控制计算机和执行机构组成，是无人机机载部分的核心，它接收地面指挥控制系统的指令，控制无人机的飞行，协调机载各子系统工作，并把无人机状态及其他需要的信息发送给地面指挥系统。飞行控制系统是协调、管理和控制无人机各子系统的综合控制器，也是无人机飞行控制的核心。

无人机的机载导航系统主要有惯性导航系统、无线电导航系统、卫星导航系统等。惯性导航系统是最常用的导航定位系统，因为其具有陀螺仪和加速度计等核心惯性测量装置，能通过测量加速度来推算出无人机的速度、位置等数据；无线电导航是一种依靠无线电引导无人机在规定的时间内，沿预定航线到达目的地的航行技术，该系统主要利用无线电波测定飞行器的方位、距离、速度等参量，算出与规定航线之间的偏差，再通过机载飞控系统和自动驾驶仪操纵无人机消除偏差，保持航线正确性；全球卫星导航定位系统也是一种无线电导航系统，与其他无线电导航系统相比，全球卫星导航定位系统可实现全球导航，是一种简单、实用、廉价的导航方式，具有体积小、重量轻、价格低、导航精度高、使用维护方便、能实现全球导航和全天候导航等优点，导航定位设备不需要向外界发射电磁波，隐蔽性比较好，但是存在只有接收到全球卫星导航定位系统卫星发射的无线电波才能进行导航、定位，一旦受到外界干扰时就无法正常工作的缺点。

1.3.3　无人机地面系统

(1) 任务规划和控制站

无人机任务规划和控制站是整个无人机系统飞行和执行任务的指挥中心，控制着无人机的飞行过程、飞行航迹、任务载荷和执行任务、通信链路的正常工作以及无人机的发射和回收等。

任务规划和控制站由地面数据终端、遥测数据显示设备、任务规划与控制设备、任务载荷数据显示设备、计算机与信号处理器、通信设备、环境控制及生存能力保护设备以及电力供应设备等组成。对于军用无人机系统来说，任务规划与控制站是作战指挥员的指挥场所，可以根据需要对无人机侦查到的图像及视频信息进行处理并将情报分发到其他相关部门。

遥控遥测的地面部分与机载部分协同工作，提供控制站与无人机的通信，实现对无人机的监控、指挥。无人机驾驶员通过任务规划与控制站，利用下行通信链路显示与处理从无人机上传输下来的遥测数据、指令以及图像等。数据通过地面终端进行中转，地面终端是无线数据通信链路的地面单元。

(2) 无线数据通信链路

无线数据通信链路是保持无人机与控制站之间通信联络的关键子系统，能产生、传输和处理无人机遥控指令和遥测信息等数据流，主要包括机载/地面数据终端、发射设备、接收设备、显示设备以及天线等。传输媒介可以采用无线电波，也可以采用激光束或光纤传输的光波，根据传输方向的不同，无线数据通信链路可以分为上行链路和下行链路，上行链路主要完成控制站和遥控器至无人机的遥控指令的发送和接收，下行链路主要完成无人机至地面控制站的遥测数据以及红外或视频图像数据的发送和接收。一般而言，上行链路可达几千赫兹，主要用以提供无人机的控制和任务载荷的操作指令；下行链路提供低数据率频道，用以传输无人机的状态信息。

地面数据终端通常包括一个微波电子系统传输线路及天线，在控制站与无人机之间提供无线链路通信，有时也通过卫星进行通信。地面数据终端可以发送无人机控制指令或任务载荷命令，并接收无人机的飞行状态信息，如位置、高度、速度和航向以及任务载荷传感器数据。

机载数据终端是无线数据通信链路的机载单元，包括用于发送无人机飞行数据与任务载荷的图像数据的发射机与机载天线、用于接收地面指令的接收器。

1.3.4　无人机任务载荷系统

任务载荷是指那些装备到无人机上用于完成飞行任务的设备。无人机根据其功能和类型的不同，任务不同，载荷也不同。例如，农用无人机喷洒农药，任务载荷就是指农药及其容量、泵、喷管和喷嘴等；军用无人机的任务载荷，主要有执行电子战、侦查、空中攻击和武器运输等任务所需的设备。

任务载荷的功能、类型和性能是由要执行和完成的任务决定的。一些载重大、功能强的无人机可携带多个不同类型的载荷。任务载荷是战术无人机侦查的关键部分，不仅在重量上占无人机全重的比例较大，而且也在成本上占据了无人机系统成本的大部分。以高性能、高成本的美军"全球鹰"和"捕食者"无人侦察机为例，其任务载荷的成本分别占其总成本的1/4和1/2。从本质上说，能够装载任务载荷并圆满完成任务，是促使无人机得以广泛应用的根本原因。没有任务载荷，就不能够完成任务，无人机就失去了其存在的基本价值。

在系统开发的理想情况下，用户的任务需求将决定任务载荷与飞行平台的最佳组合模式，以完成特定任务。一套新无人机系统设计将包括新的控制站、新飞机，飞机用于承载任务载荷，并按任务要求的速度、续航时间、大气状态等条件工作，这是一种理想情况。实际中，无人机系统通常要求能够完成不同的任务，搭载不同性能、不同种类的任务载荷，这种组合模式是非常有益的。任务载荷可能装载多种不同的传感器，但为了减轻飞机重量，减小因飞机失事造成的损失（有些多功能任务载荷的成本高于飞机中的其他部分），也可能采用单传感器任务载荷，但这时就要求任务载荷能够在不同任务之间进行快速切换。

针对特定任务，任务载荷的研发速度远比承载该任务载荷的新平台要快。开发、认证一种新无人机及其控制站投入大，需要几年的时间才能完成。因此，借助现有各种无人机及其控制站，开发相应的任务载荷，选用合适的飞行平台，构建自己的无人机系统，已成为无人机系统开发的规范模式。这就要求充分考虑任务载荷的结构，以及通过这种结合的方案满足需要的可能性。借助电子系统的可扩展性和灵活性的特点，通过集成开发，比开发一个特定要求的全新系统的速度快、成本低、可靠性高。

由于电子技术的快速发展，新型任务载荷研发速度远比飞机研发要快，只有在特定情况下，现有系统不能满足新任务的需要，才开发一种全新的无人机系统。

任务载荷有两种基本类型：非消耗性任务载荷，传感器、摄像机等，该类载荷始终在飞机上；消耗性任务载荷，如弹药、民用无人机中的农药、灭火剂等。未来也许无人机还可能完成邮件投送、物品运输等任务。

(1) 非消耗性任务载荷

影响任务载荷设计的因素主要有：任务载荷对飞行平台的航程、续航时间、高度等要求；安装和视场限制；背景中识别目标；选用飞行平台的性能对质量、空气阻力的要求；存储信息。以下将结合影响任务载荷设计的因素，分别介绍各类非消耗性任务载荷。

1) 光电任务载荷系统

光电任务载荷系统包括简单的单色或彩色单幅相机、彩色视频成像系统、低照度电视成像系统、热成像系统、多光谱成像系统等。

① 可见光相机　光学或可见光相机工作在人眼可以看到的 $0.4 \sim 0.7 \mu m$ 的光线，其来自太阳并经不同物体以不同的颜色反射，可用以提供物体识别信息。光线经相机镜头聚焦到感受器上，形成可在监视器上播放的图像信号，或者调制到无线电载波上，发送到接收站。

② 低照度成像设备　低照度成像设备与正常可见光条件下的成像设备的功能相同，但是增加了光放大环节，利用光纤接收较大区域的光线，聚焦到成像设备的镜头上，过程与通常的可见光成像设备相同。低照度成像设备可在正常成像设备光量的1/10条件下成像。

③ 热成像设备　对于波长在 $0.7 \sim 1000 \mu m$ 的谱段，红外光谱一端与可见光波段相连，另一端与无线电波段相连，常用的是分成3个子谱段，但也有分成4个或5个子谱段的。成像设备探测器的区域、成像单元个数、图像像素等因素决定图像的敏锐度或者分辨率。探测

器接收区域越大，接收的热量就越多，就可以对弱小热源目标成像；接收来自目标区域的热像素越多，形成的图像的敏锐度就会越好。

2）成像雷达任务载荷

光电成像系统是被动的，接收目标反射的太阳光，或者接收物体散发出的热量；而雷达是主动成像系统，它通过发射脉冲无线电波束，接收处理来自物体反射的回波信号。雷达可以穿透云层进行成像，这一点在实际应用中具有优势。作为主动系统，发射的能量容易被检测到，在某些应用环境中也是一种不足。随着技术发展，雷达图像的分辨率不断提高，但仍然不如光电图像的分辨率高。

3）其他非消耗性任务载荷

随着无人机系统在军用、民用领域所承担的任务逐渐增多，未来还会有更多的应用领域，这就对任务载荷的扩展提出了新的要求，下面简要讨论其他类型任务载荷。

① 激光目标指示　在军事应用上，需要照射地面目标，以引导激光制导导弹对其进行攻击。较好的方法是由一架飞机用激光指示目标，另一架飞机投弹攻击。激光指示器在地面特种部队中已经得到应用。但地面物体或地形将阻挡地面激光进行照射。从地面产生照射波束，使攻击导弹或炸弹不能处于最佳的攻击角度，影响作战效果。而无人机此类任务载荷由激光产生器以及光电电视成像设备组成，该设备为无人机操控人员提供了正确的市场轴线，激光指示点的精确控制和较好的稳定性是任务载荷必须具备的能力。由小型无人机完成照射任务比较理想。

② 污染监测系统　将仪器安装在无人机上，可监测地面、空气被污染的情况，执行这类任务通常比手持式设备更加快速，且不会产生人身损害。类似的设备还可用于民用管理部门以监测污染情况，如工业废气造成的污染。这类任务载荷主要包括光电电视成像设备，无人机可以将其获得的图像传输到地面控制站，该任务载荷质量可以做到 5kg 以内。

③ 公共宣传系统　扩音器系统和电视摄像机可以集成安装在一个任务载荷中，这种任务载荷的重量取决于喇叭声音的强度。

④ 无线电中继系统　无人机飞行在一定高度，携带无线电接收机、放大器、发射机等载荷，可以显著提高军用和民用外场通信系统的作用距离。

⑤ 电子情报系统　由无人机承担的一项秘密任务是获取敌方发射的无线电信号，这种无人机携带能够完成频率扫描的接收机，主要用于收集电子情报。

⑥ 雷达欺骗系统　无人机上的雷达发射机不仅可以干扰敌方雷达接收机，而且可以欺骗雷达，使其相信目标或部队等的出现，而真实情况是并没有出现。

⑦ 磁异常检测系统　磁异常检测系统经改造后适合无人机携带，可应用于多种定位需要，如海底残骸定位等。

⑧ 可更换或可增加的载荷　随着无人机多功能化的日益发展，将有更多的任务载荷相继出现。任务载荷是以多种可更换的形式安装使用还是在一架飞机上集成使用，取决于任务需求和飞机的承载能力。因此需要在任务载荷的数量和总质量上进行权衡取舍，以及无人机的作用距离和续航时间之间取得平衡。对于具有装载多任务载荷能力的无人机，用一到数个可换的载荷可看作为系统额外增加了一组电池。

（2）消耗性任务载荷

在军事应用中，消耗性任务载荷通常是武器，包括炸弹、火箭或导弹。固定翼飞机载荷通常安装在机翼下面；多旋翼飞机载荷通常是安装在侧面，如果还需要瞄准装置，可与光电传感器集成在一起。

在民用方面，给庄稼喷洒的农药、杀菌剂、化肥、防冻霜等材料都是消耗性载荷，假设无人机具有携带更多消耗性任务载荷的能力，那么水或其他灭火材料也可以作为任务载荷进行投放。其他消耗性任务载荷还包括照明弹、救生筏等。

对于消耗性任务载荷，设计中要考虑这些载荷是否能随意投放。同时应考虑任务载荷投放完成后，是否会对飞机平衡产生影响，且这些材料不能进入无人机的易损部件中。此外，如果材料有毒，还要考虑材料的装载方法和装载容量。随着电子技术的发展，更轻、更小、功能更强的备选载荷将会出现，使得无人机可完成各种任务。

1.3.5　无人机综合保障系统

综合保障系统是指用于在地面对无人机进行检测、维护和维修的设备、备件和后勤场地环境，以及无人机驾驶员和维护人员技术培训设备、资料和实验条件。无人机系统既是一种高精尖的电子系统，也是一个复杂的机械系统。对于这样一个复杂的高科技系统，发挥保障维护作用的地面综合保障系统变得越来越重要。

无人机系统作为一种特定系统，综合保障系统是一系列技术与管理活动的综合，也形成了一个由很多专业组成的综合性学科。综合保障的目标主要是无人机装备保障，内容涵盖维修规划、保障设备、供应保障、人员培训、技术资料、训练保障以及包装、装卸、存储、运输等装备的使用保障和维修保障方面的内容。

1.4　无人机装调与检修需求

近年来随着技术的发展进步，无人机应用逐渐从军事领域向民用领域延伸，应用范畴不断拓宽，在消费、植保、电力、安防、测绘等行业日渐成熟，从事无人机装配、调试及售后维修服务人员将长期保持亟需趋势。2020年2月25日，中国就业培训技术指导中心发布《关于发布新职业信息公示的通告》，"无人机装调检修工"正式成为新职业，纳入国家职业分类大典目录，近百万无人机装调检修从业人员有了职业归属。

无人机装调检修工职业定义：使用设备、工装、工具和调试软件，对无人机进行配件选型、装配、调试、检修与维修的人员。

无人机装调检修工主要工作任务：

① 根据无人机的产品性能等相关要求，对无人机进行配件选型、制作及测试；

② 按照装配图等相关要求，使用专用工具进行无人机的整机装配；

③ 使用相关调试软件和工具，进行无人机系统和功能模块的联调与测试；

④ 使用专用检测仪器及软件进行无人机各系统检测、故障分析和诊断；

⑤ 使用相关工具，根据故障诊断结果进行无人机维修；

⑥ 使用专用检测工具和软件对修复后的无人机进行性能测试；

⑦ 根据维修保养手册，对无人机各功能模块进行维护保养；

⑧ 编制无人机设备装配、测试、检修维修等报告。

据国际数据公司（IDC）数据分析显示，到2019年底，我国无人机年销售量将达到196万架，其中消费级无人机150万架，工业级无人机46万架；在无人机市场份额中，用于无人机试验费用约15%，用于无人机维护服务费用约10%～20%；从民航局了解到，开展无人机物流配送试点，注册无人机超过 39.2 万架。可以看出随着无人机行业技术不断升级、设备保有量的增加和新技术的不断引进，给维修行业带来了前所未有的挑战，无论是从技术层面还是从市场层面来看，全行业都要求有高素质、高技能的装调检修人才来作支撑。

无人机装调检修工职业应运而生，补充了无人机行业的一个专业服务模块，使无人机和通用航空一样，有了专业的保障团队来提供全面的服务技术，让无人机的装调和检修行为更加专业化、合法化、规范化，为无人机安全飞行撑起保护伞，让飞行更加安全、更加可靠、效率更高、服务更加规范。

本章小结

本章主要讲述了无人机系统的相关内容，简述了无人机的定义和无人机的分类；介绍了无人机的常见分类方法，引出了无人机系统的定义和无人机系统的组成；阐述了无人机的行业应用和常用的载荷设备；说明了无人机装调与检修工作的重要性和紧迫性。

课后习题

一、填空题

1. 无人驾驶航空飞行器简称无人机，即 UAS（Unmanned Aircraft System），是利用_____设备和自主程序控制装置操纵不载人的飞行器。

2. 无人机按照其产生升力的结构部件不同，可以划分为_____无人机和_____无人机两大类。

3. 无人机由于结构大小、飞行区域、速度、高度和用途等差异，可选用的发动机种类很多，常用的发动机主要有_____和_____两大类。

4. 按照飞行航时可将无人机分为超短航时、短航时、_____、中长航时、_____无人机等。

5. 按照无人机的飞行航程可将无人机分为_____、短程、_____和远程无人机等。

6. 根据传输方向的不同，无线数据通信链路可以分为上行链路和下行链路，_____链路主要完成控制站和遥控器至无人机的遥控指令的发送和接收，_____链路主要完成无人机至地面控制站的遥测数据，以及红外或视频图像数据的发送和接收。

7. 无人机的机载导航系统主要有_____系统、_____系统、卫星导航系统等。

二、简答题

1. 简述无人机系统构成。

2. 固定翼无人机和多旋翼无人机的优缺点主要有哪些？

3. 在进行无人机结构设计时需要考虑的主要因素有哪些？

4. 简述无人机飞行控制系统的组成及功能。

5. 简述地面综合保障系统的功能。

6. 影响任务载荷设计的因素有哪些？

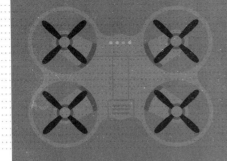

第**2**章
无人机装调工具与工艺

2.1 无人机装调常用材料与工具

无人机的装调包括机械组装、电气组装及相关调试工作，组装与调试过程中会用到各种工具和材料。具体介绍如下。

2.1.1 无人机装调常用材料

无人机装调常用材料通常包括机体材料、电气材料和加固材料。

(1) 无人机机体材料

① 泡沫　泡沫塑料是由大量气体微孔分散于固体塑料中而形成的一类高分子材料，具有质轻、隔热、吸音、减震等特性。制作无人机使用的泡沫塑料主要有聚苯乙烯泡沫塑料（PS）、聚氯乙烯泡沫塑料（PVC）、聚丙烯泡沫塑料（EPP）、聚乙烯泡沫塑料（PE）、聚氨酯泡沫塑料（PUR）。按泡沫塑料的密度可分为低发泡、中发泡和高发泡泡沫塑料。密度大于 $0.4g/cm^3$ 的为低发泡泡沫塑料，密度为 $0.1\sim0.4g/cm^3$ 的为中发泡泡沫塑料，密度小于 $0.1g/cm^3$ 的为高发泡泡沫塑料。

随着航空、航天等特殊领域对泡沫塑料性能要求的不断提高，传统的泡沫塑料已不能满足这些领域对材料强度、刚度及耐热性的特殊要求。因此，高性能化已成为泡沫塑料研究的新方向和热点。国外已经把高性能泡沫塑料作为承载的结构材料，并在航空、航天、交通运输等领域使用，如卫星太阳能电池的骨架、火箭前端的整流罩、无人飞机的垂直尾翼、巡航导弹的弹体弹翼、舰艇的大型雷达罩等。

EPP 具有环保、新型、抗压、缓冲和隔热等特点，由 EPP 发泡成型工艺而制作和生产的无人机品种有很多，如固定翼无人机模型，因为防摔深受无人机爱好者的喜欢。EPO（泡沫塑料）是近年来制作无人机使用的一种新型材料，EPO（PE/PS）是聚乙烯发泡珠粒和聚苯乙烯发泡珠粒混合发泡成型的产品，可以使无人机外表光滑、表面硬度增加，比单纯聚苯乙烯泡沫塑料制成的无人机机械强度和韧性有所增加，更耐冲击。

泡沫板，如图 2-1 所示，多用于小型固定翼无人机，具有重量轻、制作简单、相对耐摔、容易修复等特点。

② 塑料　塑料是一种以有机合成树脂为主要原料，加入或不加入其他配合材料而构成的人造

图 2-1　泡沫板

高分子材料。它在一定的条件（如高温、压力调降）下，可通过物态转变或交联固化的作用塑造成一定的形状。

根据各种塑料不同的理化特性，可以把塑料分为热固性塑料和热塑性塑料两种类型。塑料零件通过注射成型工艺可以大批量生产，因此价格低廉、使用方便。无人机的零部件大部分为热塑性所料的注射件，如螺旋桨、发动机架、摇臂、接头、各种连接件、机轮等。

③ 木材　木材是制作固定翼无人机的主要材料。使用木材的优点是单位体积重量小，单位截面积和受力的强度平均极限比大，价格相对低廉；缺点是强度不均匀，容易吸湿变形，且不易保存。

轻木材质松软、均匀，易加工。根据无人机不同部位对于强度和加工的不同要求，选用不同方式的轻木片材；红松材质优良、纹理通直、抗压力强，富含树脂、易干燥。红松木材主要用来制作无人机的翼梁、机身纵条、木型等；杉木材质轻软、细致、纹理通直、易加工。杉木木条是制作无人机和初/高级滑翔翼的翼梁、构架的上等材料；椴木材质较软，具有耐磨、耐腐蚀性、易加工、韧性强等特点。椴木用于制作无人机的层板或木型等；榉木的硬度、冲击度中等，具有较好的剪切强度、耐磨性和蒸汽加工弯曲性能，榉木木材主要用于制作螺旋桨、发动机架、起落架托板等部件。

④ 金属材料　铝合金，采用铝合金制作的无人机零部件（如机架、机臂、起落架、固定件和连接件等）质量轻又有一定的强度；钢丝，可用于制作无人机的起落架、舵机连杆、螺旋桨轴等。

⑤ 复合材料　纵观国外无人机，无一例外地大量使用了复合材料结构，有些甚至是全复合材料结构。以复合材料为核心的无人机结构设计、制造技术是影响无人机发展的关键技术之一。复合材料制造的一个突出的问题是不能类似于金属构件那样得到精确的几何或构型尺寸，特别是对于大型整体化复杂复合材料结构，往往可能因为一个较小的局部结构制造而变形，最终会造成大型整体化复杂结构产生很大的变形，导致不能用于部件的装配。

复合材料的优点众多，具体如下。

a. 和传统金属材料相比，复合材料具有比强度高、比刚度高、热膨胀系数小、抗疲劳能力强和抗振能力强的特点，将它应用于无人机结构中可以减重 25%～30%。常用的树脂基复合材料具有结构重量轻、复杂或大型结构易于成型、设计空间大、比强度和比刚度高、热膨胀系数小等诸多优点。

b. 复合材料本身具有可设计性，在不改变结构重量的情况下，可根据飞机的强度刚度要求进行优化设计；在设计制造技术上满足了大多数无人机在高度翼身融合结构所需的大面积整体成形这一特点。

c. 无人机复合材料结构设计中主要考虑的是复合材料的轻质、比强度高、比模量高等特性，复合材料可通过增强材料（碳纤维、玻璃纤维等）和基本材料（树脂）有机结合而成。

综上所述，复合材料融合了下面三种材质，既可以有强度支撑无人机机体架构，又能够最大程度上摆脱引力不受中立影响。

a. 碳纤维　一种含碳量在 95% 以上的高强度、高模量纤维的新型纤维材料，如图 2-2 所示。碳纤维"外柔内刚"，质量比金属铝轻，但强度却高于钢铁，并且具有耐腐蚀、高模量的特性。

b. 玻璃纤维　玻璃纤维是一种性能优异的无机非金属材料，种类繁多，优点是绝缘性好、耐热性强、抗腐蚀性好、机械强度高，但缺点是性脆、耐磨性较差，如图 2-3 所示。

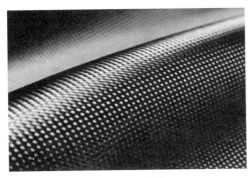

图 2-2　碳纤维

图 2-3　玻璃纤维

c. 树脂　树脂通常是指受热后有软化或熔融范围，软化时在外力作用下有流动倾向，常温下是固态、半固态，有时也可以是液态的有机聚合物，如图 2-4 所示。广义地讲，可以作为塑料制品加工原料的任何聚合物都称为树脂。

将复合材料直接应用于无人机结构上，对减轻空机身重量、增加有效载荷、提高安全性和隐身性具有重要的作用。据统计，目前世界上各种先进无人机的复合材料用量一般占机体结构总重的 60%～80%，复合材料的总用量可达 90% 以上。

目前，复合材料在无人机领域已成为主要结构材料，具有更好的结构刚性及工作稳定性，整个系统高度集成化的设计，使安装调试工作变得更加简单快捷，中心机架具有更大的可用空间，方便安装及内置各类航拍辅助设备，可使航拍系统拥有更强的美感。

图 2-4　树脂

在组装无人机时通常根据设计需求选取材料，比如碳纤维、玻纤维、塑料、铝合金、轻木等。铝合金一般用于一些连接件，如管夹、折叠脚架等；轻木一般用于固定翼无人机；碳纤维、玻纤维、塑料材料等主要用多旋翼无人机。各种材料的性能如表 2-1 所示。

表 2-1　无人机组装材料的性能

参数	材料名称				
	碳纤维	玻纤维	泡沫塑料	铝合金	轻木
密度/(g·cm⁻³)	1.5～2.0	2.4～2.76	0.01～0.03	2.6～2.8	0.16～0.20
刚度/GPa	23～43	18.6	2.62	71	1.1～6.2
强度/MPa	3500	1000～3000	54.7～75.2	103～513	6.8～31.5
价格(10 个级别,1 最便宜)	10	4	1	3	1
加工难易度(10 个级别, 1 最容易)	7	3	3	3	1

在表 2-1 中，刚度是弹性模量，表示材料在弹性变形阶段，其应力和应变成正比例关系；形变越难改变，刚度越大。强度，即抗拉强度，是试样拉断前承受的最大标称拉应力。

目前，复合材料在无人机领域已成为主要结构材料，如使用碳纤维复合材料、玻璃纤维复合材料、蜂窝夹层复合材料等。通常，无人机除机身的龙骨、梁和隔框、起落架等结构件采用铝合金外，机翼、尾翼及各种天线罩、护板、蒙皮等结构件均大量使用复合材料。另外，在中小型无人机上，木质材料、轻型塑料、塑料薄膜等非金属材料也得到大量使用。复合材料的应用对无人机结构轻质化、小型化和高性能化起到了至关重要的作用。

(2) 无人机电气材料

无人机电气材料包括插头类材料、线材类材料和辅助类材料。

① 插头类材料

a. T 形插头　大电流插头线分 MINI T 形插头、T 形插头、TRX 插头，绝缘体以黑色或红色为主，导体为黄铜材质，导体表面镀金，可以焊接红色与黑色硅胶线（14AWG 400/0.08mm 铜丝），是大功率电池的理想插头。

T 形插头，如图 2-5 所示，由于两个金属导电部分一横一竖形成一个 T 字形，所以称为 T 插。T 字形可以防止正负极接反，成对使用，一头凸出的为公头，见图 2-5（a），凹进去的为母头，见图 2-5（b），通常作为电源接头。

(a)　(b)

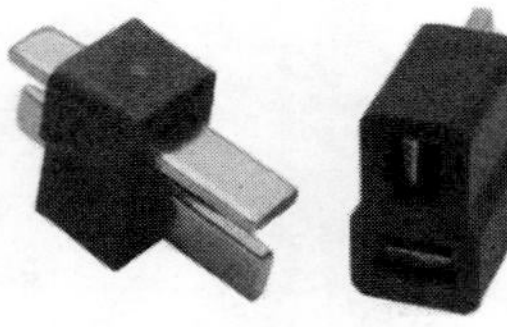

图 2-5　T 形插头

b. 香蕉插头　香蕉插头，简称香蕉头，主体使用黄铜材质，表面作镀金处理，有效地起到了防腐蚀、抗氧化、耐插拔的作用，并且具有优良的抛光性能，可以提高制品表面的耐磨性，如图 2-6 所示。香蕉插头成对使用，一头凸出的为公头，凹进去的为母头，是一种快速插拔的电源接头。其主要参数是直径大小和允许电流大小，根据直径的大小有多种型号：2.0mm、3.0mm、3.5mm、4.0mm、5.5mm、6.0mm、8.0mm。

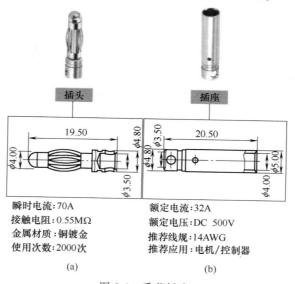

插头
插座
19.50
ϕ4.80
ϕ4.00
ϕ3.50
20.50
ϕ3.50
ϕ4.80
ϕ5.00
ϕ4.00
瞬时电流:70A
接触电阻:0.55MΩ
金属材质:铜镀金
使用次数:2000次
额定电流:32A
额定电压:DC 500V
推荐线规:14AWG
推荐应用:电机/控制器

(a)　(b)

图 2-6　香蕉插头

c. XT60、XT90 插头　XT60，如图 2-7 所示，接头里面是 3.5mm 的香蕉头，由于外壳端部一边为直边，一边为斜边，可以防止正负极接反，通常用于电池、电调、充电器等接头，成对使用，一头凸出的为公头，凹进去的为母头。各种插头可以自由焊接作为转接，XT60 和 T 形插头的转接头，如图 2-8 所示。XT90 插头和 XT60 外面相似，只是尺寸大了一号，里面的香蕉头为 4.5mm。

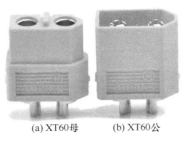

(a) XT60母　　(b) XT60公

图 2-7　XT60 插头

图 2-8　XT60 和 T 形插头的转接头

　　d. EC 系列插头　EC 系列插头，如图 2-9 所示，主要有 EC2、EC3、EC5，EC2 使用 2mm 镀金香蕉头，EC3 使用 3.5mm 镀金香蕉头，EC5 使用 5mm 香蕉头。

　　e. XH2.54 硅胶线平衡充插头　XH2.54 接头，如图 2-10 所示，主要用于锂电池的平衡充电，主要型号有 2S、3S、4S、5S、6S，2S 电池表示两块电芯共 3 根线包含 1 根地线，3S 电池共 4 根线，依次类推。

图 2-9　EC 系列插头

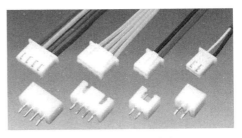

图 2-10　XH254 接头

　　② 线材类材料

　　a. 杜邦线　杜邦线可以非常牢靠地和插针连接，无需焊接，可以快速进行电路连接，如图 2-11 所示，有各种型号，有独立一根一根的，也有组合在一起的，无人机常用的为 3 根组合的 3P 杜邦线，主要用于飞控和电调的连接、接收机的连接等。

　　b. AWG 硅胶线　AWG 硅胶线，如图 2-12 所示，其特点有耐高温、线身柔软有弹性、绝缘性好，在无人机装配中常用作主电源线使用。型号根据粗细来命名，型号数越大线越细，如 26AWG（AWG 为导体横截面积，对应 $0.13mm^2$）、24AWG（对应 $0.20mm^2$）。

图 2-11　杜邦线

图 2-12　AWG 硅胶线

耐高温特软硅胶线采用环保材料和多股优质镀锡铜生产，规格齐全，从 8AWG 到 30AWG，具体参数对比见表 2-2，内芯采用了最细的 0.08mm 直径的多芯镀锡无氧铜丝生产，硅胶导体铜丝根数从 11 芯到 1650 芯不等，外皮为特软硅橡胶，耐 −60～+200℃ 的高温，能通大电流（根据型号不同），外皮柔软，方便安装到狭小的模型部件中。可以比相同标号的线材耐更大的电流，其具有耐磨、耐折、柔软、使用寿命长的优点。

表 2-2　参数对比表

线号（AWG）	导体构造 （芯数×直径/mm）	截面积/mm²	外径/mm	每千米导体电阻/Ω	绝缘厚度/mm
30	7×0.103	0.05±0.05	1.2±0.1	340	0.76
28	7×0.127	0.08±0.01	1.8±0.1	227	0.76
26	7×0.160	0.14±0.05	1.98±0.1	143	0.76
24	7×0.203	0.22±0.01	2.13±0.1	89.3	0.76
22	22×0.14	0.34±0.05	2.36±0.1	56.4	0.76
20	32×0.14	0.49±0.05	2.48±0.1	36.7	0.76
18	34×0.16	0.69±0.05	2.75±0.1	22.2	0.76
16	52×0.18	1.32±0.05	3.1±0.15	15.5	0.76

③ 辅助类材料

a. 焊锡　如图 2-13 所示，焊锡是在焊接线路中连接电子元器件的重要工业原材料，是一种熔点较低的焊料，主要指用锡基合金做的焊料。广泛应用于电子工业、家电制造业、汽车制造业、维修业和日常生活中，焊锡的规格主要以直径来确定。

图 2-13　焊锡

焊锡材料是电子行业生产与维修工作中必不可少的，通常来说，常用焊锡材料有锡铅合金焊锡、加锑焊锡、加镉焊锡、加银焊锡、加铜焊锡。标准焊接作业时使用的线状焊锡被称为松香芯焊锡线或焊锡丝。在焊锡中加入的助焊剂是由松香和少量的活性剂组成。

焊接作业时，温度的设定非常重要。焊接作业最适合的温度是比使用的焊接材料的熔点高 50℃。由于焊接部分的大小、电烙铁的功率和性能、焊锡的种类和线型的不同，烙铁头的设定温度在上述温度的基础上还要增加 100℃ 为宜。

焊锡主要的产品分为焊锡丝、焊锡条、焊锡膏三个大类。应用于各类电子焊接上，适用于手工焊接、波峰焊接、回流焊接等工艺上。

b. 热缩管　热缩管，如图 2-14 所示，是一种特制的聚烯烃材质热收缩套管，也可以叫做 EVA 材质。外层采用优质柔软的交联聚烯烃材料及内层热熔胶复合加工而成，外层材料有绝缘防蚀、耐磨等特点，内层有低熔点、防水密封和高黏接性等优点。

热缩套管具有优良的阻燃、绝缘性能，非常柔软有弹性，收缩温度低，收缩快，可广泛应用于电线的连接、电线端部处理、焊点保护、线束标识、电阻电容的

图 2-14　热缩管

绝缘保护、金属棒或管材的防腐蚀保护、天线的保护等。在高能射线作用下，线性高分子材料形成三维网状交联结构；交联后的高分子材料在机械强度、耐温、耐化学溶剂、耐老化等方面获得极大改善，特别是耐酸、碱性能得到很大提高。

热缩管的分类如下。

ⓐ PVC 热缩套管　PVC 热缩套管具有遇热收缩的特殊功能，加热 98℃以上即可收缩，使用方便。产品按耐温分为 85℃和 105℃两大系列，规格 Φ2～Φ200，产品符合欧盟 RoHS 环保指令。可用于电解电容器、电感，产品耐高温性能好、无二次收缩，可代为印刷；可用于各种充电电池的单体、组合包装，并代为设计、印刷图样，并可代客裁切；可用于各种窗帘杆、浴帘杆、挂杆、拖把杆、扫帚柄、工具杆、伸缩杆、园林工具、撑杆等管状物品的外包覆；可用于低压室内母线铜排、接头、线束的标识、绝缘外包覆，其效率高、设备投资少、综合成本小；可用于灯饰、LED 引脚的包覆，以及吉他、包装瓶口的包裹，是新一代的包装材料。

ⓑ PET 热缩管　PET 热缩管（聚酯热缩管）从耐热性、电绝缘性能、机械性能上都大大超过了 PVC 热缩套管，更重要的是 PET 热收缩套管具有无毒性、易于回收、对人体和环境不会产生毒害影响的特点，更符合环保要求。

PET 热缩管的环保性能高于欧盟 RoHs 指令标准，可达到 Sony SS-00259 环保标准，是电解电容器等电子元器件、高档充电电池、玩具及医疗器械的外包覆，完全能满足出口要求。

ⓒ 含胶热缩管　双壁热收缩套管采用聚烯烃类无卤阻燃材料和热熔胶双层共挤工艺生产。外层为聚烯烃，具有绝缘、无卤阻燃、低温收缩等特点；内层为热熔胶，具有低熔点、黏附力好、防水密封好和机械应变缓冲性能好等优点。

(3) 无人机加固材料

① 热熔胶　热熔胶，如图 2-15 所示，配合热熔胶枪使用，是一种可塑性的无毒无味的绿色环保胶黏剂，在一定温度范围内热熔胶的物理状态随温度变化而变化，但其化学特性保持不变。可用于塑料、电气元配件、泡沫板的黏接。

a. 技术规格：热熔胶棒的市场通用规格是直径为（11.2±0.3）mm 和（11.2±0.7）mm，长度在 200～300mm 居多。

b. 外观颜色：有黄色、浅黄色、白色、半透明、全透明等产品。

c. 软化点：65～135℃。

d. 剪切强度：3～8MPa。

e. 剥离强度：50～150N/cm。

f. 熔融黏度：5300mPa·s。

g. 使用温度：160～180℃。

h. 固化时间：8～10s。

图 2-15　热熔胶

② 纤维胶带、液体泡沫胶、双面泡沫胶　纤维胶带，如图 2-16（a）所示，是固定翼无人机泡沫板常用的胶带，它的主要特点是便携、快速，可以在户外飞行的时候对损坏的无人机表面进行快速修补；液体泡沫胶，如图 2-16（b）所示，一般是指液体的，专门用来粘泡沫板的胶，液体泡沫胶主要用来粘泡沫板；双面泡沫胶，如图 2-16（c）所示，主要用来粘各种电子元件。

(a) 纤维胶带   (b) 液体泡沫胶   (c) 双面泡沫胶

图 2-16 黏胶

③ 尼龙扎带　尼龙扎带也称为扎带、扎线、束线带、扎线带，如图 2-17 所示。

尼龙扎带分为自锁式尼龙扎带、标牌尼龙扎带、活扣尼龙扎带、防拆（铅封）尼龙扎带、固定头尼龙扎带、插销（飞机头）尼龙扎带、珠孔尼龙扎带、鱼骨尼龙扎带、耐候尼龙扎带等。

尼龙扎带采用 UL 认可尼龙-66（Nylon 66）材料注塑制成，防火等级为94V-2，具有良好的耐酸、耐腐蚀、绝缘性，不易老化，承受力强；操作温度为−20～＋80℃；可用于无人机装调时导线的捆扎和固定、零配件的固定等；具有绑扎快速、绝缘性好、自锁紧固、使用方便等特点。

④ 魔术扎带　魔术扎带，如图 2-18 所示，又名魔术贴束线带、黏扣带扎带。它与普通扎带的不同之处：普通的扎带设计有止退功能，只能越扎越紧；而魔术贴扎带采用魔术贴制作原理，一面是细小柔软的纤维另一面是较硬的像小毛抓的东西，能反复粘贴，主要用于电池的固定。

⑤ 魔术贴　魔术贴，如图 2-19 所示，也称"魔术粘""魔鬼沾""魔鬼毡""尼龙搭扣"，是一种纤维紧固物。原理和魔术扎带一样，无人机装调时可用来粘贴需要常装拆的物品，如电池、U-BOX 等。

  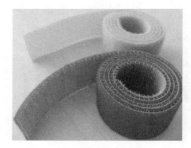

图 2-17　尼龙扎带   图 2-18　魔术扎带   图 2-19　魔术贴

⑥ 螺栓、螺母、螺钉　螺栓，如图 2-20（a）所示，在机械制造中广泛应用于可拆连接，一般与螺母（通常再加上一个垫圈或两个垫圈）配套使用；螺母与螺栓相配使用，由于无人机飞行过程中会产生震动，为防止螺母松动，通常采用防松螺母，如图 2-20（b）所示；螺钉，如图 2-20（c）所示，通常是单独（有时加垫圈）使用，一般起紧固或紧定作用，应拧入机体的内螺纹。

⑦ 铝柱、尼龙柱/隔离柱　尼龙柱/隔离柱，如图 2-21（a）所示，采用优质的尼龙新料加工制作而成，具有无毒、质轻、优良的机械强度，及较好的耐磨性和耐腐蚀性，主要用于

(a) 螺栓　　　　　　　(b) 防松螺母　　　　　　(c) 螺钉

图 2-20　螺栓、螺母、螺钉

固定和隔离电路板和零部件；铝柱，如图 2-21（b）所示；铜柱，如图 2-21（c）所示，采用铝合金或铜制作，硬度高，相对尼龙柱更牢固可靠，但是重量比尼龙柱重，主要作用是固定或隔离电路板及零部件。

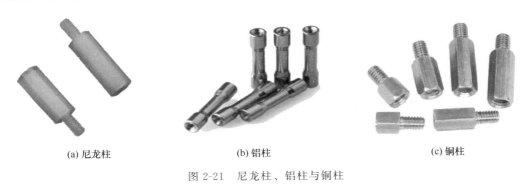

(a) 尼龙柱　　　　　　　(b) 铝柱　　　　　　(c) 铜柱

图 2-21　尼龙柱、铝柱与铜柱

2.1.2　无人机装调常用工具

无人机结构、类型多样变化，在无人机装调过程中会使用一些常用的工具，详细介绍如下。

(1) 机械类常用工具

① 加工制作工具

a. 壁纸刀　壁纸刀是制作无人机经常使用的工具之一，如图 2-22 所示。壁纸刀通常用来切割各类薄板、木片、木条等，可以用于刻翼肋、刻槽等，也可以作为修整工具。

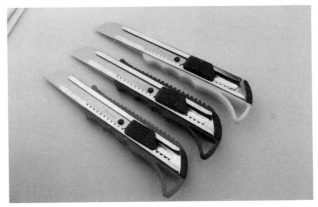

图 2-22　壁纸刀

b. 手工锯　手工锯是由锯弓和锯条组成，如图 2-23 所示。在 DIY 无人机时，经常需要加工碳管、碳纤维板等零配件，机器加工不方便时，可以采用手工锯进行简单的制作。

图 2-23　手工锯

c. 手电钻　手电钻主要由钻夹头、输出轴、齿轮、转子、定子、机壳、开关和电缆线构成。手电钻的附件包括如下。

ⓐ 麻花钻头，最适用于打铁和铝合金等材料，也可用于打木质材料，但定位不准确，易打歪。

ⓑ 开孔器，适用于在铁质和木质材料上开孔。

ⓒ 木钻头，专门用于打木质材料，带一个定位杆，可精确定位。

ⓓ 玻璃钻头，适用在玻璃上打孔。

手电钻是手工制作、维修必备工具，是对金属材料、木材、塑料等进行钻孔、攻螺纹、拧螺丝的工具，常用的有充电式手电钻［图 2-24（a）］和 220V 插电式手电钻［图 2-24（b）］。当装有正反转开关和电子调速装置后，可用作电螺丝批。有的型号配有充电电池，可在一定时间内，在无外接电源的情况下正常工作。当制作无人机的机身、副翼、尾翼时，根据设计需要和材料来选择不同规格的钻头。

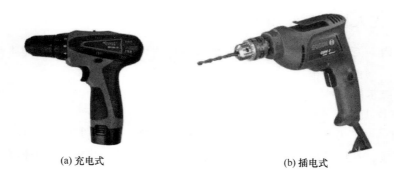

(a) 充电式　　　　　　(b) 插电式

图 2-24　手电钻

d. 锉刀　在手工制作和加工无人机零部件时（如桌面机床加工、锯销加工、钻孔加工后）会残留下锋利的毛刺，如不去除，一是容易割伤人或电线，二是碳纤维由于材质结构（编织状）的原因容易损坏，所以必须用锉刀将棱角打磨平整。

锉刀按用途分为以下几类。

ⓐ 普通钳工锉，如图 2-25（a）所示，用于一般的锉削加工。

ⓑ 木锉，用于锉削木材、皮革等软质材料。

ⓒ 整形锉（什锦锉），如图 2-25（b）所示，用于锉削小而精细的金属零件，由各种断面形状的锉刀组成一套。

当进行 DIY 无人机设计和组装时，经常要用锉刀对结构件进行打磨修整。

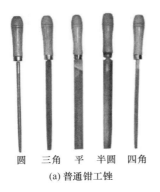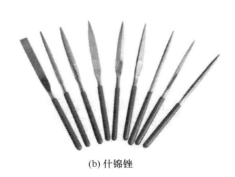

圆　三角　平　半圆　四角

(a) 普通钳工锉　　　　　　　　　　　(b) 什锦锉

图 2-25　锉刀

e. 小型台钳　小型台钳，如图 2-26 所示，又称虎钳、台虎钳，是夹持、固定工件以便进行加工的一种工具，使用十分广泛。台钳安装在钳工台上，以钳口的宽度为标定规格，常见规格从 75mm 到 300mm。小型台钳因其体积小、重量轻，方便在多种场合使用，如工作台、办公桌等；在无人机装调时可以用来夹紧碳管、碳纤维板，进行简单加工；也可用以夹持电子元件，方便焊接。

② 紧固工具

a. 螺丝刀　螺丝刀，如图 2-27 所示，又称"起子"，用来拧螺钉、螺栓的工具，按不同的头型可以分为一字、十字、米字、星型、方头、六角头和 Y 形头部等，其中一字螺丝刀、十字螺丝刀、内六角螺丝刀，是我们生活中最常用的。当组装无人机时，经常要用螺丝刀对各种部件之间的连接进行紧固固定。

图 2-26　小型台钳

b. 扳手　扳手种类很多，常用的有固定扳手、活动扳手和外六角扳手，无人机无刷电机大多采用六角螺帽或者是带子弹头的六角螺帽，所以扳手在无人机的装调时最常用的就是拆装螺旋桨。固定扳手，如图 2-28（a）所示，活动扳手，如图 2-28（b）所示，纤维板切割的外六角板手，如图 2-28（c）所示。

(a) 一字、十字螺丝刀　　　　(b) 内六角螺丝刀　　　　(c) 46合一组合螺丝刀套件

图 2-27　螺丝刀

c. 热熔胶枪　热熔胶枪，如图 2-29 所示，是一款非常方便快捷的粘胶工具，与液体胶水相比，最大的优势就是粘固的速度快、效率高，缺点是胶体比较重，对于对起飞重量有严格要求的无人机来说不太适合。

(a) 固定扳手

(b) 活动扳手

(c) 外六角扳手

图 2-28　扳手

图 2-29　热熔胶枪

热熔胶枪的正常使用方法如下。

ⓐ 热熔胶枪插上电源前，请先检查电源线是否完好无损，支架是否具备，已使用过的胶枪是否有倒胶等现象。

ⓑ 胶枪在使用前请先预热 3～5min，胶枪在不用时请直立于桌面。

ⓒ 胶枪在使用过程中若发现打不出胶，请检查胶枪是否发热。在使用过程中，若胶枪不能正常发热，原因可能是：胶枪电源没有插好；胶枪因短路而烧坏。若胶枪在正常工作情况下，发热异常，原因可能是：枪嘴因有杂质堵住出胶口，应请专业人员处理；胶枪倒胶而使胶条变粗，此时只需将胶条轻轻旋转一周并小心地向后拉出一小部分，把胶条变粗部分剥掉，再继续使用。

ⓓ 胶枪中的胶条若发生倒流现象时，请立即停止使用，待专业人员清洁完毕倒流的热熔胶后方可使用。

ⓔ 喷嘴及熔胶温度非常高（大约 200℃），除手柄外，不可接触其他部分。

ⓕ 胶枪连续加热超过 15min 不用，请切断电源。

③ 测量工具

a. 钢直尺　长度为 300mm 和 1m 的钢直尺比较常用，长度 300mm 的钢直尺如图 2-30 所示。主要用来测量裁切木板过程中可粗略测量的结构件尺寸。

图 2-30　钢直尺

b. 游标卡尺　游标卡尺是一种能精确测量长度、厚度、深度、内径和外径的工具，精确度高，如图 2-31 所示。游标卡尺由主尺和附在主尺上能滑动的游标两部分构成。主尺一般以 mm 为单位，游标上有 10、20 或 50 个分格，根据分格的不同，游标卡尺可分为 10 分度游标卡尺、20 分度游标卡尺、50 分度格游标卡尺等，游标为 10 分度的长为 9mm，20 分度的长为 19mm，50 分度的长为 49mm。游标卡尺的主尺和游标上有两副活动量爪，分别是内测量爪和外测量爪。当进行 DIY 无人机设计时，可以用来精确测量结构件的尺寸。

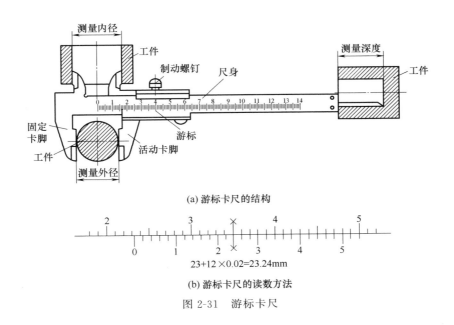

(a) 游标卡尺的结构

$23+12×0.02=23.24mm$

(b) 游标卡尺的读数方法

图 2-31　游标卡尺

（2）电气类常用工具

① 焊接工具　无人机焊接操作是非常重要的组装工序，焊接质量直接关系到无人机性能的稳定，在对无人机进行焊接操作时常用的工具如下。

a. 水口钳和斜口钳　水口钳，如图 2-32（a）所示，斜口钳，如图 2-32（b）所示。从用途上来看：斜口钳一般用于剪一些比较硬的材料，水口钳主要是用于剪一些软线和塑料，两者刃口剪切能力有很大区别。从剪切面、刃口来看：水口钳刃口比较薄、锋利，适用于剪细铜线和塑料橡胶等材料，剪断铜线后的切口是平的，剪塑料齐整。斜口钳（斜嘴钳）刃口比较厚，可以剪粗一点的铜线和铁线，剪断铜线后的切口是斜的。

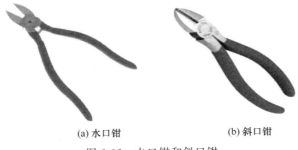

(a) 水口钳　　　　(b) 斜口钳

图 2-32　水口钳和斜口钳

b. 剥线钳　剥线钳，如图 2-33 所示，是电工、修理工、仪器仪表电工常用的工具之一，用来剥除电线头部的表面绝缘层，使电线被切断的绝缘皮与电线分开，剥线钳的塑料手柄还可以防止触电。

剥线钳的使用步骤如下。

ⓐ 根据缆线的粗细型号，选择相应的剥线刀口。

ⓑ 将准备好的电缆放在剥线工具的刀刃中间，选择好要剥线的长度。

ⓒ 握住剥线工具手柄，将电缆夹住，缓缓用力使电缆外

图 2-33　剥线钳

表皮慢慢剥落。

ⓓ 松开工具手柄，取出电缆线，这时电缆金属整齐露出外面，其余绝缘塑料完好无损。

c. 电烙铁　电烙铁，如图 2-34 所示，用来焊接电子元件和导线，在电子制作及维修过程中是必不可少的工具。按机械结构不同，分为外热式和内热式；按功能不同，分为无吸锡电烙铁和吸锡式电烙铁；按用途不同，分为大功率电烙铁和小功率电烙铁。其选用方法主要根据功率大小和烙铁头形状来选择。

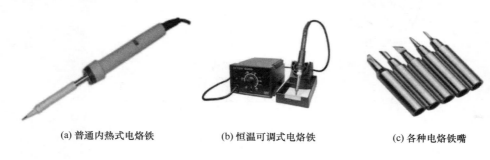

(a) 普通内热式电烙铁　　(b) 恒温可调式电烙铁　　(c) 各种电烙铁嘴

图 2-34　电烙铁和烙铁头

d. 热风枪　热风枪，如图 2-35 所示，又名热风台或热风拆焊台。热风枪是无人机维修中用得最多的工具之一，使用的工艺要求也很高。从取下或安装小元件到大片的集成电路都要用到热风枪。在不同的场合，对热风枪的温度和风量等有特殊要求，温度过低会造成元件虚焊，温度过高会最坏元件及线路板。风量过大会吹跑小元件，同时对热风枪的选择也很重要，不要因为价格问题去选择低档次的热风枪。

图 2-35　热风枪

热风枪使用的注意事项如下。

ⓐ 请勿将热风枪与化学类（塑料类）的刮刀一起使用。

ⓑ 请在使用后将喷嘴或刮刀的干油漆清除掉，以免着火。

ⓒ 请在通风良好的地方使用，因为从铅制品油漆中去除的残渣是有毒的。

ⓓ 不要直接将热风对着人或动物。

ⓔ 当热风枪使用时或刚使用过后，不要去碰触喷嘴热风枪的把手，应保持干燥、干净且远离油品或瓦斯。

ⓕ 热风枪要完全冷却后才能存放。

② 检测工具

a. 万用表　万用表主要功能是测交直流电压、电阻和直流电流等，功能多的万用表还可测交流电流、电容、三极管放大倍数和频率等。一般分为数字式万用表和机械式万用表，如图 2-36 所示。在无人机组装与调试过程中经常用于测量锂电池电压、飞控电源输入电压、电调 EBC 电压、摄像头电压、图传电压、线路通断和分电板分电情况等。

b. 低电量报警器　低电量报警器（又称 BB 响），如图 2-37 所示，简称为电压显示器，主要有两个功能：电压显示和低压报警。用于 1S～8S 的锂电池检测，能自动检测锂电池每个电芯的电压和总电压，支持反向连接保护。它可以随时了解电池的工作状态，使电池不会因为过放或过充而造成伤害。当电压低于设定值时，蜂鸣器就会响起，并且红色 LED 灯会闪烁。

图 2-36　万用表

图 2-37　低电量报警器

（3）无人机专用工具

① 桨平衡器　螺旋桨装在无人机上高速旋转，转速高达数万转，如果桨的平衡性不好，会影响飞行的平稳性，产生振动、噪音等。因此，桨的动平衡和静平衡非常重要，好的静平衡是动平衡的基础。桨平衡器，如图 2-38 所示，可以用来检测桨叶的静平衡。理想的静平衡状态是螺旋桨无论处于任意角度均能自行静止，如果某桨叶静止时一边的位置总是"下沉"，即应找出这个桨叶两边的差异，并且进行修正、再试，直到合格。

② 舵机测试器　舵机测试器，如图 2-39 所示，主要用来检测舵机的虚位、抖动和中位，也可用来测量无刷电机接线和转向的对应关系。

图 2-38　桨平衡器

图 2-39　舵机测试器

2.2　无人机装配工艺

2.2.1　无人机装配概述

无人机装配，是指将无人机机械产品中的若干零件和部件，按照规定的技术要求，将若干零件接合成部件，或将若干零件和部件接合成产品的劳动过程。将若干零件接合成部件称为部件装配，将无人机若干零件和部件接合成产品称为无人机总装配。

（1）无人机装配基准

无人机装配基准，是指确定无人机结构件之间相对位置的一些点、线、面。无人机装配基准分为设计基准及工艺基准。

① 设计基准，用于确定零件外形或决定结构间相对位置的基准，在产品设计中建立，如无人机对称轴线、水平基准线、弦线等。

② 工艺基准，在工艺过程中使用，存在于零件、装配件上的实际具体的点、线或面，可以用来确定结构件的装配位置。其中工艺基准根据使用功能不同，又分为以下三种。

a. 定位基准，用来确定结构件在夹具上的相对位置。

b. 装配基准，用来确定结构件之间的相对位置。

c. 测量基准，用来测量结构件装配位置尺寸的起始位置。

在选择定位基准和装配基准时应遵循以下原则。

- 装配定位基准与设计基准统一
- 装配定位基准与零件加工基准统一
- 装配基准与定位基准重合

(2) 无人机装配定位

无人机装配定位，是指在装配过程中确定零件和组合件之间的相对位置。在定位后应夹紧固定，然后进行连接。

在无人机装配工作中，对定位的要求如下：保证定位符合飞机图纸和技术条件中所规定的准确度要求；定位和固定要求操作简单可靠；所用的工艺装备简单，制造费用低。

无人机装配常用的定位方法有四种，具体如下。

① 划线定位法　划线定位法，是在选定的基体零件上，按图样尺寸，使用 B～4B 铅笔划出待装零件的定位基准线，如图 2-40 所示。这种方法的定位准确度较低，一般用于刚度较大、位置准确度要求不高及无协调要求的部件。

划线定位法效率低，在批量生产中应尽量不用或少用这种方法，但由于划线定位通用性好，是一种常用的辅助定位方法。例如，无人机机身或机臂的铆钉、焊点位置等，有时是用划线确定位置的。

② 基准工件定位法　基准工件定位法，是机械制造中基本的装配定位方法，其定位准确度取决于工件的刚度和加工精度，一般适用于刚度较大的工件，如图 2-41 所示。

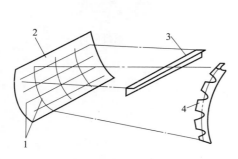

图 2-40　划线定位
1—基准线；2—蒙皮；3—长桁；4—隔框

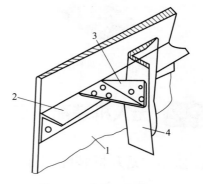

图 2-41　基准工件定位
1—蒙皮；2—长桁；3—角片；4—隔框

③ 装配孔定位法　装配孔定位法，是在装配时用预先在零件上制出的装配孔来定位，如图 2-42 所示。当用装配孔确定两个零件的相对位置时，装配孔的数量应不少于两个，装配孔的数量取决于零件的尺寸和刚度，对于尺寸大、刚度小的零件，装配孔数量应相应增多。

在成批生产中，在保证准确度前提下，应推广使用装配孔定位方法，如平板、单曲度以及曲度变化不大的双曲度外形板件，都可采用装配孔进行。点焊及胶接结构板件，也可采用

| 第 2 章　无人机装调工具与工艺 | 29

装配孔定位，装配孔定位后送到点焊机点焊或在胶接设备内胶接。装配定位孔可拓展为基准定位孔定位和坐标定位孔定位。

④ 装配型架定位法　装配型架定位法，主要针对固定翼无人机，在零件、组合件及板件等工艺刚度小的情况下采用的装配方法，如图 2-43 所示。这种方法的定位准确度由装配型架准确度决定，首先应保证装配型架的准确度。

固定翼无人机装配型架的功能主要包括：保证零件、组合件在空间具有相对准确位置；定位作用、校正零件形状、限制装配变形；提高劳动生产效率。

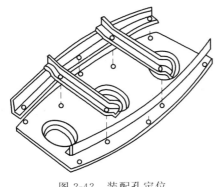

图 2-42　装配孔定位

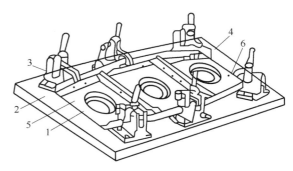

图 2-43　装配型架定位

1—翼肋腹板；2—夹具底座；3—定位夹紧件；4—挡块；5—定位销；6—定位孔

在定位可靠的前提下，固定翼无人机主要采用定位型架（专用工装夹具），对结构较简单的组合件或板材可采用装配孔定位的方法，对无协调要求及定位准确度要求不高的装配，可采用划线定位及基准件定位的方法。各种定位方法的特点及选用原则详见表 2-3。

表 2-3　各种定位方法的特点及选用原则

类别	方法	特点	选用原则
划线定位法	① 通用量具和划线工具划线 ② 专用样板划线 ③ 用明胶模线晒相方法	① 简便易行 ② 装配准确度较低 ③ 工作效率低 ④ 节省工艺装备费用	① 新机研制时尽可能采用 ② 成批生产时,简单的、易于测量的、准确度要求不高的零件定位 ③ 作为其他定位方法的辅助定位
基准工件定位法	以产品结构件上的某些点、线来确定特装件的位置	① 简便易行,节省工艺装备,装配开敞,协调性好 ② 基准件必须具有较好的刚性和位置准确度	① 有配合关系且尺寸或形状一致的零件之间的装配 ② 与其他定位方法混合使用 ③ 刚性好的整体结构件装配
装配孔定位法	在相互连接的零件(组合件)上,按一定的协调路线分别制孔,装配时零件以对应的定位孔来确定零件(组合件)的相对位置	① 定位迅速、方便 ② 不用或仅用简易的工艺装备 ③ 定位准确度比工艺装备定位低,比划线定位高	① 单曲度和平滑双曲线度壁板中蒙皮的定位 ② 内部加强件的定位 ③ 平面组合件,非外形零件的定位 ④ 组合件与组合件之间的定位
装配型架定位法	利用型架定位确定结构件的装配位置或加工位置	① 定位准确度高 ② 限制装配变形或强迫低刚性结构件符合工艺装备 ③ 保证互换部件的协调 ④ 生产准备周期长	① 对空间有相对准确的位置要求的零组件定位 ② 薄壁结构中尺寸大、刚性差的零件间的定位 ③ 对结构形变有要求的零组件之间的定位

2.2.2 装配工艺内容和规程

(1) 装配工艺内容

装配工艺设计的任务是采用合理的工艺方法和工艺装备来保证装配基准的实现。无人机根据其机型不同、产品的复杂程度不一，装配难易程度不等，装配工作的侧重点也有所区别，其装配内容主要包括以下几个方面。

① 合理划分装配单元 根据无人机的结构工艺特征，合理地利用结构的设计分离面和工艺分离面，进行工艺分解，将部件划分为装配单元。部件、段件、组合件之间所形成的可拆卸分离面（根据使用功能、维护修理、运输方便等方面的需要）称为设计分离面，设计分离面采用可卸连接（螺栓连接、铰链接合），一般要求具有互换性。除无人机的飞机机体按设计分离面划分为部件、段件和组件外，为了生产上的需要，需将部件进一步划分为段件，段件进一步划分为板件和组件，如机身、机翼地壁板、框、翼肋、梁、机身下部、机翼地缘、后部、翼尖等。这些板件、段件或组件之间一般采用不可拆卸的连接，它们的分离面称为工艺分离面。

② 确定装配基准和装配定位方法 无人机各个部件外形的准确度关系到无人机的飞行性能，而选择不同的装配基准会出现不同的外形准确度。装配基准通常有以蒙皮外形为基准、以蒙皮内形为基准、以骨架外形为基准等。装配定位方法是指确定装配单元中各组成元素相互位置的位法，在保证无人机图样和技术条件要求的前提下，综合考虑固定和定位方法，应满足操作简单、定位可靠、质量稳定、开敞性好、工艺装备简单、费用低和生产准备周期短等。

③ 选择工艺方法 为了保证部件的准确度和互换调要求，必须制定合理的工艺方法和协调方法，其内容包括：制定装配协调方案，确定协调路线，选择标准工艺装备，确定各工艺装备之间的协调关系，利用设计补偿和工艺补偿的措施等。

④ 确定工序及装配顺序 装配过程中的工序包括：装配前的准备工作，零件和组件的定位、夹紧、连接，系统和成品的安装，互换部位的精加工，各种调整、试验、检查、清洗、称重和移交工作，工序检验和总检等。装配顺序是指配单中各构造元素的先后安装次序。

⑤ 选定装备 主要是选定所需工具、设备及工艺装备，包括编制工具清单、选择设备型号、规格及数量，并对工艺装备的功用、结构、性能提出设计要求。工艺装备包括标准工艺装备、装配工艺装备、检验试验工艺装备、地面设备、专用刀量具、专用工具、二类工具等。

⑥ 零件、标准件的配套 按工艺文件要求，准备零件及标准件，并进行配套。

(2) 无人机装配工艺规程

无人机装配工艺规程，是指导操作人员对指定的无人机装配过程进行实际操作的生产性工艺文件。装配内容是通过装配工艺规程来反映的，制定装配工艺规程应遵循以下基本原则。

① 保证并力求提高产品质量，而且要有一定的精度储备，以延长机器使用寿命。

② 合理安排装配工艺，尽量减少钳工装配工作量，以提高装配效率，缩短装配周期。

③ 所占车间生产面积尽可能小，以提高单位装配面积的生产率。

制定无人机装配工艺规程的步骤如下：

① 研究产品的装配图及验收技术标准；

② 确定产品或部件的装配方法；

③ 分解产品为装配单元，规定合理的装配顺序；

④ 确定装配工序内容、装配规范，准备工夹具；

⑤ 编制装配工艺系统图，在装配单元系统图上加注必要的工艺说明（如焊接、配钻、攻丝、铰孔及检验等），较全面地反映装配单元的划分、装配顺序及方法；

⑥ 确定工序的时间定额；

⑦ 编制装配工艺卡片。

2.2.3 装配中的连接工艺

无人机装配的连接技术，主要包括机械连接技术、焊接技术和胶接技术等。机械连接应用最广泛，也是最主要的装配手段；焊接一般应用于薄壁结构的连接；胶接一般应用于整体构件，多用于铝合金夹层结构及复合材料上，可与焊接组成混合连接，称为胶焊。复合材料的连接主要应用胶接和胶螺连接；固定翼无人机主要应用胶接和胶螺连接，多旋翼无人机则应用胶接和螺纹连接。

(1) 无人机机械连接技术

机械连接又分为铆接和螺栓连接，目前已发展为高效、高质量、高寿命、高可靠性的机械连接技术，包括先进高效的自动连接装配技术、高效高质量的自动制孔技术、先进多功能高寿命的连接紧固系统技术、长寿命的连接技术和数字化连接装配技术等。

铆接一般应用于铝合金薄壁结构上；螺栓连接一般应用于整体壁板和整体构件连接、重要承力部件及可卸连接。

① 铆接 铆接，是一种不可拆卸的连接形式，是近代有人机、无人机采用铝合金薄壁结构中，应用最广泛的连接方式。无人机目前较多使用复合材料，因此铆接方式应用较少，但也有所涉及。铆接是将铆钉穿过被连接件的预制孔中经铆合而成的连接方式。其连接部分称为铆缝。

a. 普通铆接 普通铆接，是指用最常用的凸头或埋头铆钉铆接，其铆接过程：制铆钉孔→制埋头窝（对埋头铆钉而言）→放入铆钉→铆接，如图 2-44 所示。

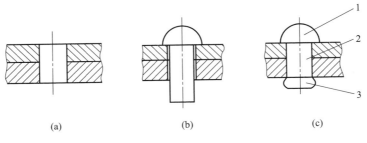

图 2-44 铆接典型工序
1—钉头；2—钉杆；3—墩头

铆钉孔直径一般比铆钉杆直径大 0.1～0.3mm，铆钉孔的质量除孔径的公差要求之外，对于孔的椭圆度、垂直度、孔边毛刺和表面质量都有要求，一般要求其表面粗糙度值不大于 6.3μm。

固定翼无人机上的蒙皮与骨架之间的连接主要用埋头铆钉。

b. 密封铆接　密封铆接与普通铆接不同之处是采用堵塞渗漏路径，使结构具有密封性。一般方法是可在铆接夹层中涂敷密封剂，或者在铆钉处涂加密封剂或装密封元件，或者使钉孔过盈配合，其余要求与普通铆接的基本相同，密封铆接分为缝内铆接、缝外铆接和表面密封三种形式，如图 2-45 所示。

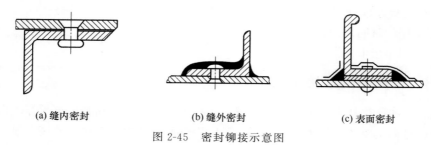

(a) 缝内密封　　　　　　　　(b) 缝外密封　　　　　　　　(c) 表面密封

图 2-45　密封铆接示意图

密封铆接的典型工艺过程：预装配→钻孔和锪窝→分解去毛刺→清洗密封贴合面→铺放密封材料→重新装配→放钉→施铆→密封剂的硫化与保护→质量检查和故障排除。

无人机上的整体油箱，属于绝对级密封，在强度、密封、重量、寿命等方面都有严格的要求，因此要采用密封铆接，同样，水上无人机的水密舱上也要求采用密封铆接。

铆接方法是应用最广泛的连接方法，其优点是操作工艺容易掌握，铆接质量便于检查，所用设备机动灵活，能适应比较复杂和不够开敞的结构，可应用于各种不同材料之间的连接；缺点是铆接容易引起变形，蒙皮表面不够光滑，普通铆接的疲劳强度低且密封性差，在生产上劳动强度大，工作生产率低。

② 螺栓连接　螺栓连接是无人机装配的主要连接形式之一，其具有强度高、可靠性好、构造简单、安装方便、易于拆卸的特点，常用的螺栓紧固件如图 2-46 所示。螺栓连接主要应用于无人机主要承力结构部位的连接，尤其是大部件对接，如机翼与机身的对接；还有一些需要经常或定期拆卸的结构，如可卸壁板、口盖、封闭结构的连接，以及易损结构件，如前缘、翼尖的连接，常采用托板螺母连接方式，能很好地解决工艺性、检查维修和便于更换的问题。

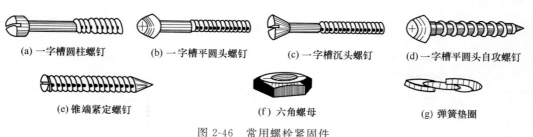

(a) 一字槽圆柱螺钉　(b) 一字槽平圆头螺钉　(c) 一字槽沉头螺钉　(d) 一字槽平圆头自攻螺钉

(e) 锥端紧定螺钉　　　　　　　(f) 六角螺母　　　　　　　(g) 弹簧垫圈

图 2-46　常用螺栓紧固件

螺栓按照工艺特点一般可分为螺栓（钉）与螺母连接、螺栓（钉）与托板螺母连接、螺柱连接、在基体零件上攻丝的螺栓（钉）连接以及自攻螺钉的连接等。在无人机装配中，采用最多的螺栓连接形式是普通螺栓和螺钉连接，其余则较少采用。近年来，高锁螺栓连接、锥形螺栓连接、干涉配合螺栓连接和钢丝螺套连接的应用也在不断扩大。

a. 普通螺栓连接　普通螺栓连接，被连接件通孔和螺栓间有间隙，通孔加工精度要求较低，其结构简单、安装方便、应用广泛，能够承受较大载荷，适用于组件连接和接头部件连接，如图 2-47 所示。

b. 铰定孔用螺栓连接 被连接件孔和螺栓连接杆之间常采用基孔制过度配合，用于要求精确固定被连接件相对位置，并能够承受横向载荷，但孔的加工精度要求较高，如图 2-48 所示。工艺过程与普通螺栓连接基本相同。

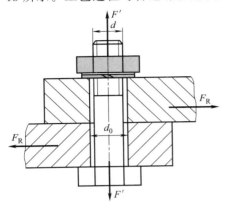

图 2-47 普通螺栓连接

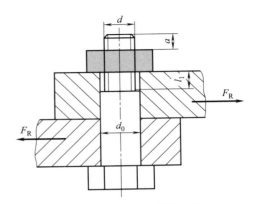

图 2-48 铰定孔用螺栓连接

c. 螺钉连接 螺钉连接是采用螺钉与基体上的螺纹孔连接，用被连接件上的螺纹孔代替螺母，适用于安装通路不好的特殊结构上，如图 2-49 所示。工艺过程与普通螺栓连接基本相同。

(2) 无人机焊接技术

焊接技术就是高温或高压条件下，使用焊接材料（焊条或焊丝）将两种或两种以上的材质（待焊接的工件）连接成一个整体的加工工艺和连接方式。焊接技术应用广泛，既可用于金属，也可用于非金属。无人机焊接方法主要分为熔焊、压焊和钎焊三大类，具体如图 2-50 所示。

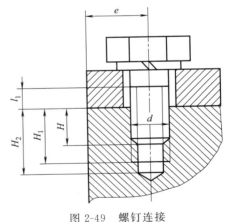

图 2-49 螺钉连接

① 熔焊 熔焊是在焊接过程中将工件接口加热至熔化状态，不施加压力而完成焊接的方法。熔焊时，热源将待焊工件接口处迅速加热熔化，形成熔池。熔池随热源向前移动，冷却后形成连续焊缝而将两工件连接成为一体。熔焊适合各种金属和合金的焊接加工，不需要压力。

a. 电子束焊接技术 电子束焊接，是指利用加速和聚焦的电子束轰击置于真空或非真空中的焊接面，使被焊工件熔化实现焊接。其具有能量密度极高，容易实现金属材料的深熔透焊接，焊缝热影响区小，焊接残余变形小，焊接工艺参数容易精确控制，在真空环境下焊缝纯净、重复性和稳定性好等特点。

在无人机制造技术方面，电子束焊接技术是无人机重要承力构件（如钛合金承力框、梁等）的关键制造技术之一。

b. 激光焊接技术 激光焊是利用大功率相干单色光子流聚焦而成的激光束为热源进行的焊接。这种焊接方法通常有连续功率激光焊和脉冲功率激光焊。激光焊优点是不需要在真空中进行，缺点则是穿透力不如电子束焊强。激光焊时能进行精确的能量控制，因而可以实

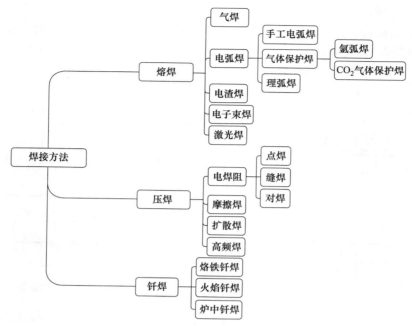

图 2-50　焊接方法

现精密微型器件的焊接。它能应用于很多种金属，特别是能解决一些难焊金属及异种金属的焊接。

　　它主要用于无人机大蒙皮的拼接以及蒙皮与长桁的焊接，以保证气动面的外形公差。另外在机身附件的装配中也大量使用了激光焊接技术，如腹鳍和襟翼的翼盒。

　　② 压焊　压焊是在加压条件下，使两工件在固态下实现原子间结合，又称固态焊接。常用的压焊工艺是电阻对焊，当电流通过两工件的连接端时，该处因电阻很大而使温度上升，当加热至塑性状态时，在轴向压力作用下连接成为一体。压接适用于部分金属材料的加工。

　　a. 搅拌摩擦焊　采用特型搅拌头在待焊工件处旋转、摩擦生热，并挤压以形成焊缝，其属于一种崭新的固态连接方法。采用搅拌摩擦焊取代传统的氩弧焊，不仅能完成材料的对接、搭接、丁字等多种接头方式，而且能用于高强铝合金、铝锂合金的焊接，大大提高了焊接接头的力学性能，并且排除了熔焊缺陷产生的可能性。搅拌摩擦焊工艺在无人机铝合金结构制造中的推广应用，在国外已显示出强劲的技术创新活力，对传统制造工艺带来了革命性的改造。

　　搅拌摩擦焊工艺最初主要用于铝合金等低熔点材料的焊接。现在采用搅拌摩擦焊工艺可以将机身壁板上的加强肋、框架的装配时间减少 80%，使飞机成本大幅降低。

　　b. 点焊　将焊件装配成搭接接头，在两电极之间压紧，利用电阻热熔化母材金属形成焊点，称为点焊。主要用于厚度 4mm 以下的薄板构件冲压件焊接，特别适合无人机机身的焊接。缺点是集中应力大、疲劳强度低、可焊性差，不同材料不能点焊，零件厚度相差太大或三层以上的结构不能进行点焊。

　　③ 钎焊　钎焊是使用比工件熔点低的金属材料作钎料，将工件和钎料加热到高于钎料熔点、低于工件熔点的温度，利用液态钎料润湿工件，填充接口间隙并与工件实现原子间的

相互扩散，从而实现焊接的方法。钎焊适合各种材料的焊接加工，也适用于不同金属或异类材料的焊接加工。根据钎料熔点的不同，钎焊又分为硬钎焊和软钎焊。

a. 软钎焊：软钎焊的钎料熔点低于 450℃，接头强度较低（＜70MPa）。

b. 硬钎焊：硬钎焊的钎料熔点高于 450℃，接头强度较高（＞200MPa）。

软钎焊接技术在无人机电子装联工艺中应用比较广泛，本书将第 3 章详细介绍。

在航空工业中焊接技术被广泛应用，焊接受力较大的组合件和板件时，可部分代替铆接结构，例如大型固定翼无人机的机翼、机身等部位，多旋翼无人机机架及起落架等大量用到焊接技术，尤其是薄壁板金属件常用电焊连接。与铆接和胶接相比，该方式具有生产率高且成本低的优势。

（3）无人机胶接技术

胶接技术可用于连接不同材料、不同厚度的两层或多层结构体。胶接结构重量轻，密封性能好，抗声振和颤振的性能突出。胶层能阻止裂纹的扩展，具有优异的疲劳性能，此外胶接结构制造成本和维修成本低。

胶接是一种先进的连接方法，克服了铆接的缺点，胶接集中应力最小，疲劳强度高，因而可以减轻结构质量，且密封性好，表面光滑，劳动量显著低于铆接。生产成品时，成本也低于铆接。

① 胶接简介　利用胶黏剂本身产生的内聚力以及胶黏剂与被胶零件之间产生的黏附力将两个零件牢固地连接在一起。胶接技术起初用于蒙皮与桁条的连接，后来主要广泛应用于蜂窝夹层结构和泡沫夹层结构，现代各种直升机的旋翼桨叶，几乎都采用胶接结构。

胶接的优点如下所述。

a. 胶接适用的范围广，可胶接不同性能、不同厚度和形状的材料，并可根据材料和受力特点进行结合，适用于各种不同材料的连接（金属与金属、金属与非金属）以及厚度不等的多层结构的连接。

b. 胶接工艺简单，设备较简单，成本低，省去了钻孔、接紧固件等工序。

c. 胶缝表面光滑，没有铆钉头的凸起或点焊的凹陷，结构变形较小，因而气动性能好。

d. 胶接所形成的胶缝是连续的，应力分布均匀，耐疲劳性较好，一般疲劳寿命可比铆接或点焊高 10 倍左右，特别适合薄片的结合。

e. 胶接具有良好的密封、防腐、绝缘性能。

f. 胶接技术有效减小了飞机的整体质量，符合航空和航天的需要。

g. 被胶接部件相对于机械连接或焊接而言，其疲劳强度高，应力分散，止裂性能好。

胶接的缺点如下所述。

a. 采用胶接的部件适用的温度范围相对较窄，使用温度一般能达到 150℃左右。

b. 胶接接抗不均匀，剥离强度差。

c. 性能稳定性差，可靠的非破坏性检查方法有待提高。

d. 胶黏剂存在老化问题，致使胶接强度降低。

e. 胶接过程中影响胶接性能的因素较多，易产生胶接缺陷。

f. 维修困难，因此耐久胶接结构已成为明显的发展趋势。

胶接常用的接头形式有搭接、套接、嵌接，如图 2-51 所示。

② 胶接工艺　金属胶接件分为板-板胶接件和板-芯胶接件两类。板-板胶接件一般由面板（蒙皮）、垫板、长桁和长梁等组成；板-芯胶接件就是通常所说的蜂窝夹层结构件，一般

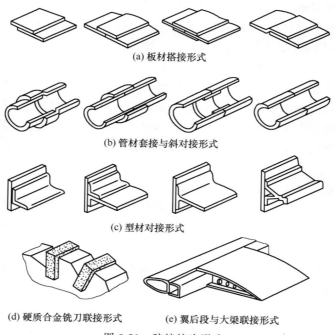

(a) 板材搭接形式

(b) 管材套接与斜对接形式

(c) 型材对接形式

(d) 硬质合金铣刀联接形式　　(e) 翼后段与大梁联接形式

图 2-51　胶接接头形式

由面板（蒙皮）、铝蜂窝芯、垫板和封边件等组成。

胶接工艺一般流程如图 2-52 所示，其中主要工序有：预装配、胶接前的表面制备、涂底胶和贴胶膜、胶接装配、固化、胶接质量检验。

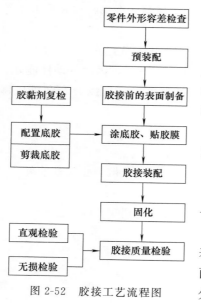

图 2-52　胶接工艺流程图

a. 预装配　为了检查零件间的协调关系和胶接面的贴合程度，应进行必要的修配，以达到装配准确度要求。

胶层厚度严重影响胶缝强度，胶层应对薄而均匀，厚度一般应在 0.01～0.25mm，最好在 0.1mm 以下。预配时，对不同配合部位的装配间隙有不同的要求。零件间的装配间隙如下，一般要放置代替胶膜厚度的垫片。

ⓐ 金属与金属面之间间隙：0.15～0.25mm，一般为 0.2mm；

ⓑ 面板与蜂窝芯子间隙：0.1mm；

ⓒ 芯子比相邻的金属件高出的高度：0.05～0.2mm，一般为 0.1mm。

b. 胶接前的表面制备　胶接件表面处理，目的是除去表面污物、改变表面粗糙度、改变表面化学性质、提高表面防腐能力等。胶黏剂对被粘表面的浸润性及胶接界面的分子间作用力形成了优良胶接的基本条件，因此，零件表面的清洁度和表面状态对胶接质量有决定性的影响。

常用的表面处理方法有脱脂除油处理、机械处理、化学处理、漂洗和干燥等，可单独使用，也可联合使用以期达到更好的效果。

c. 涂底胶和贴胶膜　采用适当的方法涂胶黏剂，以保证厚薄合适、均匀无缺、无气泡等。在处理好的结构表面应及时涂一层薄薄的底胶。在涂完底胶后，应在规定的时间内涂胶。

　　d. 胶接装配　在胶接模具或夹具中组装全部零件，定位并夹紧，一般按预装配的定位记号进行装配。在装配工件的同时，还要装配好工艺控制试件。最后，检查真空袋和真空系统的气密性，送进热压罐后，检查加压系统的密封性。

　　e. 固化　金属结构腔中主要组分是热固性树脂胶黏剂，一般须加温加压，以完成交联固化，形成坚固的胶接连接。固化规范中包括 3 个参数：温度、压力和时间，其对胶缝强度有决定性影响。例如室温固化胶时，适当加温可加速固化过程，同时完成胶接后在室温下要停放一段时间，才能交联固化充分；同时，对已固化的胶接构件须清理其表面和周边，进行修边。

　　f. 胶接质量检验　胶接质量检验分为直观检验和无损检验。对胶接产品主要进行 X 光、超声波探伤、放射性同位素或激光全息摄影等无损检验，以防胶接接头存在严重的缺陷。

（4）复合材料结构装配连接方法

　　① 复合材料基础　复合材料，是由有机高分子、无机非金属或金属等几类不同材料通过复合工艺组合而成的新型材料，它既能保留原组分材料的主要特色，又通过复合效应获得了原组分所不具备的性能。

　　复合材料中存在两种或者两种以上的物理相，可以是连续的，也可以是不连续的。其中连续的物理相称为基体材料，而不连续的物理相以独立的形式分散在连续的基体中，即分散相。如果它对基体材料起到一定的增强作用，则称增强材料。增强材料按物理形态可分为纤维增强材料和粒子增强材料两大类。在应用中以纤维状增强材料最为广泛。用于无人机中受力构件的聚合物基复合材料，其增强材料主要有碳纤维、有机纤维（芳纶纤维）、玻璃纤维和硼纤维等。

　　基体的三种主要作用：把纤维黏贴在一起；分配纤维间的载荷；保护纤维不受环境影响。在复合材料的成形过程中，基体经过一系列物理的、化学的和物理化学的复杂变化过程，与增强纤维复合成具有一定形状的整体。聚合物基复合材料的基体材料是树脂。用作基材的树脂首先要具有较高的力学性能、介电性能、耐热性能和耐老化性能，并且要施工简便，有良好的工艺性能。树脂大致可分为热固性树脂和热塑性树脂两类。前者有环氧树脂、聚酯树脂、酚醛树酯等；后者有聚酰胺、聚砜、聚酰亚胺、聚酯等。

　　减轻飞行器的结构重量是飞行器设计的重要目标之一。因此比强度和比模量高的复合材料是飞行器理想的结构材料。表 2-4 对各种材料的力学性能做了比较。

表 2-4　各种材料的力学性能比较

材料	参　数				
	密度/ （g·cm^{-3}）	拉伸强度/ GPa	弹性模量/ （×10^{2}GPa）	比强度/ （×10^{6}m^2·S^{-2}）	比模量/ （×10^{9}m^2·S^{-2}）
钢	7.8	1.03	2.1	0.13	0.27
铝合金	2.8	0.47	0.75	0.17	0.27
钛合金	4.5	0.96	1.14	0.21	0.25
玻璃纤维复合材料	2.0	1.06	0.4	0.53	0.20
高模碳纤维/环氧复合材料	1.45	1.50	1.4	1.03	0.97
高模石墨纤维/环氧复合材料	1.6	1.07	2.4	0.67	1.50
有机纤维/环氧复合材料	1.4	1.40	0.8	1.00	0.57
硼纤维/环氧复合材料	2.1	1.38	2.1	0.66	1.00
硼纤维/铝复合材料	2.65	1.00	2.0	0.38	0.75

　　根据基体材料的类型，将复合材料分为金属基复合材料、非金属基复合材料和聚合物基复合材料。

　　根据增强纤维类型，将复合材料分为碳纤维复合材料、玻璃纤维复合材料、有机纤维复合材料、硼纤维复合材料和混杂纤维复合材料等。

　　根据增强物外形，将复合材料分为连续纤维复合材料、纤维织物或片状材料增强的复合材料、短纤维增强的复合材料和粒状填料复合材料等。

　　根据制造方法可将复合材料分为层合复合材料、混合复合材料及浸渍复合材料等。

　　复合材料具有的特点如下所述。

　　a. 比强度和比模量高。复合材料的比强度和比模量多数远远高于钢、铝合金和钛合金，例如硼纤维/环氧复合材料的比强度约为钢的 5 倍、铝合金的 4 倍和钛合金的 3 倍。采用复合材料制造飞行器构件，在强度和刚度相同的情况下，结构重量可以大大减轻。

　　b. 耐疲劳性能好。疲劳破坏是材料在交变载荷作用下，由于裂缝的形成和扩展而形成的低应力破坏。大多数金属材料的疲劳破坏极限是其拉伸强度的 30%～50%，而碳纤维树脂复合材料则达 70%～80%。

　　c. 减振性好。复合材料的比模量高，因此用这类材料制成的结构件具有较高的自振频率。同时，复合材料中纤维及基体间的界面具有吸振能力，使材料的振动阻尼很高。对相同形状和尺寸的梁进行振动试验得知，轻合金梁需 9s 才能停止振动，而碳纤维复合材料梁只需 2.5s 就可停止同样大小的振动。

　　d. 过载时安全性好。纤维增强复合材料基体中有大量独立的纤维。这类材料的构件一旦超载并发生少量纤维断裂时，载荷会重新迅速分配到未破坏的纤维上，从而使这类结构件不至于在极短时间内有整体破坏的危险。

　　e. 耐热性能好。树脂复合材料的耐热性一般都要比相应的塑料要好。金属基复合材料在这方面更能显示出它的优越性。例如一般铝合金在 400℃时，其弹性模量就会大幅度下降几乎接近于零，强度也显著下降。而采用碳或硼纤维增强的铝时，在同样温度下，其强度或弹性模量基本不变或稍有下降。目前聚合物基复合材料的最高耐温上限为 350℃；金属基复合材料按不同的基体性能，其使用温度在 350～1100℃范围内变动；陶瓷基复合材料的使用温度可达 1400℃；而碳复合材料的使用温度最高，可高达 2800℃。

　　f. 各向异性及性能可设计性。各向异性是复合材料的一个突出特点，与之相关的是性能的可设计性。复合材料的力学、物理性能除了受纤维、树脂的种类及体积含量的影响外，还与纤维的排列方向、铺层顺序和层数密切相关。因此，可以根据工程结构的载荷分布及使用条件的不同，选取相应的材料及铺层设计来满足既定的需求。复合材料的这一特点可以实现构件的优化设计，做到安全可靠、经济合理。

　　g. 工艺性好。复合材料可用模具采用一次成形来制造各种构件，从而减少了零部件的数目及接头紧固件，也可节省原材料及工时。

　　复合材料连接存在的不足主要包括以下方面。

　　a. 制备工艺复杂，材料性能受制备工艺影响大，而且制备方法在材料之间常常不通用，且当前复合材料的性能仍远远低于理论计算值。

　　b. 纤维与基体组成的复合材料，微观结构不均匀，易在薄弱处发生破坏。

　　c. 层间剪切强度和横向强度低，抗冲击性差。

　　d. 长期耐高温及耐老化性能差。

e. 工艺质量不够稳定，材料性能的分散性大。

由于复合材料的许多优异性能，如比强度和比模量高、优良的抗疲劳性能以及独特的材料可设计性等。先进复合材料在飞行器设计与制造中具有重要的地位。众所周知，高性能飞行器要求结构重量轻，从而可以减少燃料消耗，延长留空时间，飞得更高、更快或具有更好的机动性；也可以安装更多的设备，提高飞行器的综合性能。资料表明，减轻结构的重量可大大节约飞机的使用成本，取得明显的经济效益。

目前国内复合材料在飞机上应用最多的是新研制的中、高空长航时无人机，其机体复合材料的使用量达到 70%，机翼翼展 18m，为全复合材料结构；其中，机翼整体盒段运用设计工艺一体化技术，将机翼的前、后梁、上蒙皮和所有中间肋整体固化成型，在复合材料应用技术上有所突破。在自行设计制造的直升机上，应用复合材料最多的是 Z10 专用武装直升机，其主桨叶、尾桨叶和尾段为全复合材料结构。

② 复合材料的连接技术　复合材料零件之间或复合材料与金属零件之间的装配连接有机械连接、胶接和混合连接三种方法。在复合材料连接工艺技术中，选用何种连接方法，主要根据实际使用要求而定。一般来讲，当承载较大、可靠性要求较高时，宜采用机械连接；当承载较小、构件较薄、环境条件非十分恶劣时，宜采用胶接；在某些特殊情况下，可采用混合连接。所谓混合连接，主要指的是胶接-点焊、胶铆、胶螺等复合连接方法。在连接强度上，胶接与机械紧固件或与点焊的联合应用，大大减少了连接点周围的应力集中；使接头在不相应增加结构重量下获得了更好的疲劳性能；同时又比纯胶接接头的抗不均匀扯离和剥离能力为高。在工艺方面，由于胶黏剂可以充填焊缝。防止了铝合金点焊件在进行硫酸阳极化时焊缝内渗入电解液，而造成基本金属的腐蚀。而在铆接或螺接接头部位涂胶，则可以获得比较可靠的密封结构。

a. 复合材料的机械连接。复合材料在应用过程中，常常需要进行机械加工，并与其他材料进行连接。和金属结构相比，连接是复合材料结构的薄弱环节。据统计，航空航天飞行器有 60%～70% 的破坏都发生在连接部位。因此，设计人员要尽可能避免使用连接。

ⓐ在接头端部是临界区内，紧固件或胶层的内力最大，承受着剪切与拉伸（剥离）的联合作用。这样，不仅胶层或紧固件要能承受这些载荷产生的应力，而且连接板也必须要能承受这些载荷。对于复合材料层合板，其沿厚度方向承受拉伸的能力较弱，破坏常常是由剥离应力引起的。这是复合材料连接的一个特殊问题。因此，在复合材料连接设计中的一个主要目标就是尽量减小剥离应力。

ⓑ紧固件的材料应与所使用的复合材料相匹配。如碳纤维/环氧树脂复合材料与常规紧固件材料间有较大的电位差，易产生电偶腐蚀。试验结果表明：只有钛及其合金、耐蚀不锈钢等金属材料与碳纤维/环氧树脂复合材料在电位上可以匹配。从复合材料结构的减重要求来看，在上述材料中，钛合金占有明显优势。所以在飞行器制造中，对于复合材料结构用的紧固件，多选用钛合金。

ⓒ在复合材料机械连接中常采用铆钉连接和螺栓连接。一般铆钉适用于连接厚度达 3mm 的层合板。使用铆钉连接时注意不要造成层合板钉孔边的过量损伤，因为这种损伤会削弱接头。一般只是在复合材料-金属传载的接头上才允许使用铆接。但是，由于铆接在机械连接中成本低、重量轻、工艺简单，所以即使在全复合材料结构上，设计人员仍希望在一些承力不大的部位采用铆接。应选用塑性好的材料（如纯钛 TA1）来制造铆钉。

复合材料的机械连接具有的优点如下所述。

ⓐ 连接的结构强度比较稳定，能传递大载荷。

ⓑ 抗剥离能力强，安全可靠。

ⓒ 维修方便，连接质量便于检查。

ⓓ 便于拆卸，可重复装配。

复合材料的机械连接具有的缺点如下所述。

ⓐ 复合材料结构件装配前钻孔困难，刀具磨损快，孔的出口易产生分层。

ⓑ 开孔部位易引起应力集中，局部强度降低，孔边易过早出现挤压破坏。

ⓒ 金属紧固件易产生电化学腐蚀，需采取防护措施。

ⓓ 复合材料结构在实施机械连接过程中易发生损伤。

b. 复合材料的胶接。胶接连接是复合材料飞行器构件的主要连接方法之一。它和机械连接不同，不需要连接件，只用胶黏剂将若干零件连接成一个具有一定承载能力的整体构件，而相互连接的零件之间的应力传递就靠胶黏剂来完成。

采用胶接连接，其目的是要使载荷平缓地从一个零件传递到另一个零件，并使胶层中的峰值剪应力和剥离应力最小。胶接连接适用于连接先进纤维复合材料。金属的基本接头有单搭接头、双搭接头、单嵌接接头、双嵌接接头、台阶型接头、双台阶型接头等，如图 2-53 所示。为了使制造成本最低，应选择能给出所需强度的最简单的接头形式。

(a)　　　　　　　　　　　　　　　　(b)

图 2-53　基本接头

c. 混合连接。混合连接是将机械连接和胶接结合起来，从工艺技术上严格保证两者变形一致、同时受载，承载能力和耐久性大幅度提高，可以避免两种连接方式固有的缺点。

2.3 无人机系统电子装联工艺

2.3.1 无人机系统印制电路板装联工艺

参照精准的电路图和质量要求标准，设计精密的机电器件（电连接器等）和印制电路板，然后依据设计电路图纸进行互联与安装，再经过系统调试，使之成为满足设计指标的无人机系统成品。其中设计电路图纸是电子装联工艺的基础，因此，在无人机系统的生产过程中如果没有一套较为先进的、成熟稳定的、操作性强的电子装联工艺技术，就无法保证无人机系统的可靠性。

常见的无人机电子装联工艺包括：焊接（软钎焊）工艺、清洗工艺、防护与加固工艺等。

(1) 印制电路板的焊接工艺

① 焊接的机理　钎焊在工业上被定义为采用比母材熔化温度低的钎料，操作温度采用低于母材固相而高于钎料液相线的一种焊接技术。它又分为硬钎焊和软钎焊，它们二者以温度作为区分标准。规定钎料液相线温度高于 450℃ 所进行的钎焊为硬钎焊，低于 450℃ 所进

行的钎焊为软钎焊。这里主要介绍软钎焊，软
钎焊连接涉及三个因素：润湿、合金化和毛细
作用。润湿是液态钎料和钎剂在固态母材上的
铺展或连接过程。当熔融的钎料在母材的表面
上留下一个连续的永久钎料膜层时，就可以说

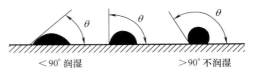

图 2-54　润湿示意图

钎料润湿了母材表面，如图 2-54 所示。当钎料中的原子和母材之间的引力超过软钎料的原子之间的吸引力时，润湿就会发生。润湿本质上是一个化学反应。润湿过程中，软钎料的一种或多种元素与被焊母材反应并形成化合物。

　　软钎料与母材形成合金的能力会影响它润湿表面的能力。加热可用来促进润湿。母材的清洁程度影响母材与钎料形成合金的机理如图 2-55 所示。SnPb 软铅焊料与母材 Cu 发生反应生成 Cu_6Sn_5/Cu_3Sn 金属化合物。母材表面必须没有氧化物，这可通过表面清理并使用钎剂来实现。为了保证在界面发生合金化，软钎料和母材之间一定要紧密接触。润湿温度与钎料合金的液相线温度可能会不一致。

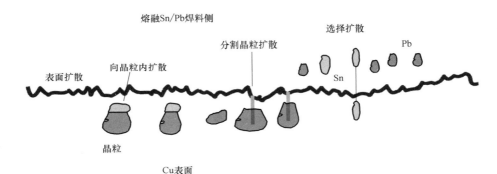

图 2-55　金属间化合物生成机理

　　液态软钎料的流动性应保证钎料能通过毛细作用进入狭窄的空间，钎料的流动性是影响钎料在母材表面上铺展性的重要因素，软钎料的流动性或铺展性可通过试验确定。

　　② 焊接工艺中的焊料与焊剂

　　a. 焊料分类　常见的焊料包括：有铅焊料、无铅焊料、共晶焊料等。焊料的特性要求：一般焊料的熔点比母材的熔点低，与被焊金属有良好的亲和性；焊料具有良好的机械性能与良好的导电性；同时焊料和被焊金属经反应后不产生脆化相及脆性金属化合物，可作为柔软合金能吸收部分热应力。航空领域常用的焊料如表 2-5 所示。

表 2-5　航空领域常用焊料

序号	国内牌号	特点与应用
1	S-Sn85AgSb-S	接头强度 60～80MPa，是软钎料中接头强度较高的，使用温度可高达 150℃以上，用于强度工作、温度要求较高的接头
2	S-Sn92AgCuSb-S	类似于 S-Sn85AgSb-S
3	S-Sn97Ag	为含银软钎料，具有较好的接头强度/耐蚀性和工艺性，适用于滤网/仪表零件及其要求较高的工作
4	S-Pb92Sn5Ag2-S	
5	S-Pb63SnCdAg	
6	S-Pb83SnAg	

续表

序号	国内牌号	特点与应用
7	S-Sn96BiSbCuNi-S	接头在-70～150℃下使用,具有较好的强度和优良的耐蚀性,可用于对力学性能要求较高的结构件的软钎焊
8	S-Sn60Pb40Sb	含 Sb 软钎料,较 S-Sn60Pb40 钎料性能略优
9	S-Sn63Pb37	常规共晶软钎料,应用范围较广
10	S-Sn50Pb50Sb	含 Sb 软钎料,综合性能与 S-Sn60Pb40Sb 钎料相当
11	S-Sn50PbCd	熔点较低,具有良好的工艺性,用于对温度较敏感的接头焊接或仪表配件
12	S-Sn02	纯锡钎料,工作温度较高
13	S-Sn60Pb40	常规软钎料,应用范围较广
14	S-Pb60Sn40Sb-S	一般含 Sb 软钎料,较 S-Sn60Pb40 钎料性能略优
15	S-Pb58Sn40Sb2	一般含 Sb 软钎料,与 S-Sn60Pb40Sb 钎料性能相当

b. 焊剂　在进行无人机系统焊接时,为使被焊物与焊料焊接牢靠,就必须要求金属表面无氧化物和杂质。只有这样才能保证焊锡与被焊物的金属表面固体结晶组织之间发生合金反应。因此,在焊接之前,必须采取有效措施将氧化物和杂质去除。采用焊剂清除的方法属于化学方法,用焊剂清楚的方法具有不损伤被焊物及效率高等特点。

按活性等级焊剂可分为 R 型、RMA 型和 RA 型。焊剂的化学作用:焊剂除了去氧化物的功能外,还具有加热时防止氧化的作用。由于焊接时必须把被焊金属加热到使焊料发生润湿并产生扩散的温度,但随着温度的升高,金属表面的氧化就会加速,而助焊剂此时就在整个金属表面形成一层薄膜,保护金属使其与空气隔绝,从而起到了加热过程中防止氧化的作用。焊剂的物理作用:降低焊料的表面张力,提高焊料润湿能力;改善手工焊接的热传导。焊剂一般具有一定的化学活性、良好的热稳定性,对焊料的扩展具有一定的促进作用,对焊料的和被焊金属润湿性良好,焊剂残渣对元器件和基板腐蚀性小,良好的清洗性等。助焊剂的特性参数见表 2-6。

表 2-6　助焊剂的特性参数

参数	R 型	RMA 型	RA 型
卤素含量	不应使铬酸银试纸颜色呈白色或淡黄色	<0.1%	0.1%～0.5%
铜镜腐蚀性	基本无变化	铜箔不应有穿透性腐蚀	—
扩展率/%	≥75	≥80	≥85
绝缘电阻/Ω	≥$1×10^{12}$	≥$1×10^{11}$	≥$1×10^{10}$
水萃取液电阻率/(Ω·cm)	≥$1×10^5$	≥$1×10^5$	≥$5×10^4$
干燥度	焊剂残留物表面无黏性,表面白色粉末状残留物容易去除		

③ 印制电路板焊接工艺方法　无人机系统一般的工作温度与使用环境决定了其对焊接可靠性的要求。常见的印制电路板焊接的工艺方法有手工焊接、回流焊接、波峰焊接(包含选择性波峰焊接)。一般的工艺流程如下所述。

a. 装联前的准备工艺　首先进行元器件引线的可焊性检查,可焊性是衡量元器件和

PCB 焊接部位是否可以顺利发生焊接过程的重要特征之一，是保证焊点质量，避免焊点缺陷的重要条件。可焊性检查主要有以下三种方法：焊槽法（垂直浸渍法）、焊球法（润湿时间法）、润湿称量法。湿度敏感元器件按照器件手册或者相关标准进行预烘去潮处理。

b. 元器件引线搪锡工艺　锡和锡铅合金是最佳的可焊性镀层，其厚度为 $5\sim7\mu m$。镀金引线的搪锡（除金）：金镀层是抗氧化性很强的镀层，与 SnPb 焊料有很好的润湿性，但直接焊接金镀层时，SnPb 合金对金镀层会产生强烈的溶解作用，溶解速度如图 2-56 所示。金与焊料中的锡金属结合生成 $AuSn_4$ 合金，呈枝晶状结构，其性能变脆，机械强度下降。为防止金脆现象出现，镀金引线在焊接前必须经过搪锡除金处理。

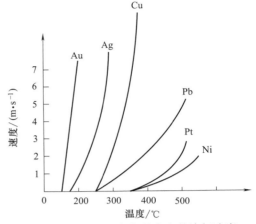

图 2-56　锡铅焊料中各种合金的溶解速度

c. 元器件引线成形工艺要求　引线成形一般应用专用工具或设备完成。表面贴装器件（Surface Mounted Devices，SMD）引线成形应保持一定的弯曲半径，以消除应力影响；应保持元器件本体或熔接点到弯曲点的最小距离为引线直径或厚度的 2 倍以上，但不得小于 0.75mm。引线直径大于 1.3mm 时，一般不可弯曲成形，小于 1.3mm 的硬引线（回火处理），也不允许弯曲成形。引线成形后，引线不允许有裂纹或超过直径 10% 的变形，成形不当或不符合要求时，原弯曲半径在引线直径的 1~2 倍内，可以矫直后在原处再弯曲一次。同时引线成形后的尺寸应与 PCB 安装孔孔距相匹配。

d. 导线端头处理工艺要求　导线端头绝缘层剥除应使用热控型剥线工具，限制使用机械（冷）剥线工具。采用机械剥线工具，应采用不可调钳口的精密剥线钳，并做到钳口与导线规格配合的唯一性。热剥工艺造成的绝缘层变色是允许的，但不应烧焦发黑。化学剥除绝缘层仅适用于单股实芯导线的端头处理，处理后应立即进行中和、清洗；屏蔽导线的屏蔽层处理应符合产品技术要求，处理方法应符合相关标准的要求。也可采用激光剥线机进行导线端头处理。

e. PCB 组装前的预处理　PCB 复验的主要项目如图 2-57 所示。

外观质量应无严重的显露布线、划痕、凹坑、麻点、压痕、气泡、分层、白斑、裂纹等；基本尺寸和金属化孔应满足设计文件要求；可焊性应按照标准要求进行试验，试样表面至少有 95% 的面积润湿，但允许出现小针孔、半润湿等轻微缺陷；可用万用表检测 PCB 的电路通断，在电阻挡位时，测量结果为 "1" 说明电路完全断开，结果为 "0" 或接近 "0"，说明电路导通。

图 2-57　PCB 复验要求

PCB 组装前的要求如图 2-58 所示。PCB 在（23±3）℃的环境中储存较好，要隔墙、离地存放在干燥通风处，还要避免阳光照射，用真空包装；组装前用无水乙醇等清洗，预烘去湿，一般温度为（120±5)℃，时间为 2～4h。

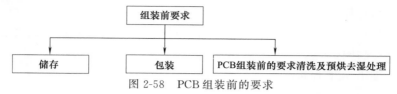

图 2-58　PCB 组装前的要求

f. 手工焊接工艺　手工焊接工艺的流程图，如图 2-59 所示。

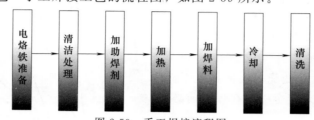

图 2-59　手工焊接流程图

手工焊接工艺参数分析如下。

ⓐ 焊接温度焊接温度＝焊料熔点（183℃）＋40℃≈223℃；烙铁头部温度＝焊接温度＋（60～100℃）≈283～323℃；通孔插装元器件焊接时，烙铁头部温度：280～330℃；SMC 焊接时，烙铁头部温度：260～280℃；SMD 焊接时，烙铁头部温度：280～320℃；无铅元器件手工焊接时，烙铁头部温度：340～360℃。为保证焊接质量，大面积覆铜部位可采用预热台进行预热后或者提高焊接温度后再焊接。

ⓑ 焊接时间：2～3s。

ⓒ 烙铁头压力：烙铁头与被焊接件接触时略施压力，使热量迅速传递给焊接部位，但不得对焊接表面或烙铁头造成损伤。

ⓓ 手工焊接质量控制应注意以下几点：产品设计的工艺性要符合焊接操作的空间要求；重视焊接准备阶段的质量控制；正确合理选择焊接工具和材料；严格执行操作工艺规程，贯彻焊接工艺标准；加强操作人员的技能培训和上岗考核制度；坚持自检、互检、专检的三级检验制度。同时当手工焊接、上锡或返工热敏元器件时，为使元器件本身受到的加热程度最小化或防止热冲击，应当采取散热措施，例如：散热片、散热器、预热等。

g. 再流焊接工艺　再流焊接工艺又称 SMT（Surface Mounted Technology）技术，即表面组装技术，主要应用于各类表面安装元器件的焊接。这种焊接技术的焊料是焊锡膏。焊接原理是预先在印制板的焊盘上印刷适量和适当形式的锡膏，然后贴装表面组装元器件，焊锡膏将元器件黏在印制板上，利用外部热源加热，使焊料熔化而再次流动浸润，从而将元器件焊接在印制板，如图 2-60 所示。再流焊有再流动与自定位效应、焊点焊料成分与焊料量固定的特点。

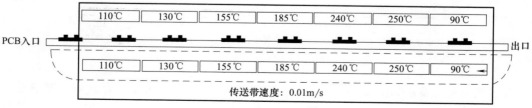

图 2-60　再流焊接示意图

温度曲线的设置：设置合理的温度曲线是再流焊接工艺的关键环节，加入温度曲线设置不当，会引起焊接不完全、虚焊、元器件立碑和锡珠飞溅等焊接缺陷，影响产品质量。理想的焊接曲线设置要根据使用焊膏的温度曲线设置，还要考虑 PCB 板的材料、厚度、层数、尺寸大小与组装元器件的密度、大小及有无 BGA（Ball、Grid Array，简称球栅阵列封装）、CPS（Control and Protective Switching Device，简称控制与保护开关）等特殊元器件布局，同时根据设备具体情况设置（加热区长度、炉子结构、热传导方式等），理想的有铅焊接温度曲线如图 2-61 所示，理想的无铅焊接温度曲线如图 2-62 所示。

在焊接过程中应根据温度传感器的实际位置确定各温区的温度，温控精度一般约±（0.1～0.2）℃，传送带横向温差要求±5℃以下，传送带宽度要满足最大 PCB 尺寸要求，加热区长度越长，加热区数量越多，越容易调整和控制温度，上下加热区应独立控温，以便调整和控制，最高加热温度一般为 300～350℃，传送带应平稳，避免振动造成位移、冷焊、立碑等缺陷，必须对第一块印制电路板的焊接效果进行判断，适当调整温度曲线。

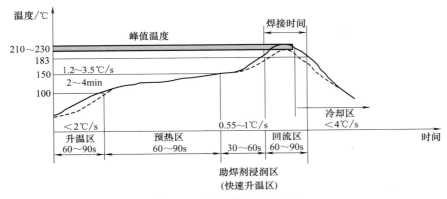

图 2-61　有铅焊接温度曲线

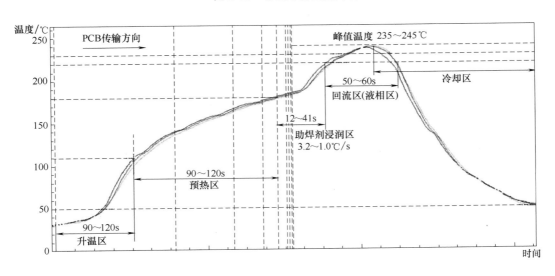

图 2-62　无铅焊接温度曲线

h. 波峰焊接工艺　波峰焊工艺是利用焊锡槽内的机械式或电磁式离心泵，将熔融的焊料压向喷嘴，形成一股向上平稳喷涌的焊料波峰，并源源不断地从喷嘴中溢出。装有元器件的印制板以直线平面运动方式通过焊料波峰，在焊接面上形成浸润焊点而完成焊接。波峰焊工艺适宜成批、大量地焊接一面装有分立器件和集成电路的印制板。凡是与焊接质量有关的重要因素，如焊料与焊剂的化学成分、焊接温度、速度和时间等，在波峰焊接机上均得到比较完善的控制。

（2）印制电路板的清洗工艺

无人机系统印制电路板清洗的目的是去除印制电路板组装后其表面及元器件上残留的助焊剂、灰尘、汗/油渍和焊料渣等，从而减少因这些污染物造成的印制电路板短路、电化学腐蚀等现象。选取清洗剂时，不仅需要考虑到污染物的溶解性，还要考虑到不能损伤印制电路板上的元器件，一般选择清洗剂要注意下列原则。

① 选择表面张力小、溶解能力强（KB 值大）的清洗剂；选择密度大且沸点高的清洗剂，密度大的清洗剂不易挥发，沸点高的清洗剂安全性好，对提高清洗效果有利。

② 选择最低限制值（TLV），其代表人体与清洗剂接触时能承受的最高限量值（安全指标）。

③ 清洗剂应具有良好的安全性，如无毒或低毒、不燃或不易燃、低刺激性气味、臭氧层破坏系数（ODP）符合环保要求；经济性好，价格便宜。

无人机系统印制电路板清洗的方法主要有以下几种：手工清洗、超声波清洗、气相清洗、水清洗和半水清洗。

无人机系统印制电路板清洗后的清洁度检测，按照 GB/T4677 印制板测试方法进行检查。具体要求如下。

① 外观残留

a. 一级电子产品：表面允许有少量不影响外观的残留物情况存在，且残留物不覆盖测试点；

b. 二级电子产品：表面应无明显残留物存在，并不覆盖测试点。

c. 三级电子产品：表面应无残留物存在。

② 表面离子残留物测试

a. 一级电子产品：离子残留物（NaCl）含量不大于 $10.0\mu g/cm^2$。

b. 二级电子产品：离子残留物（NaCl）含量不大于 $5.0\mu g/cm^2$。

c. 三级电子产品：离子残留物（NaCl）含量不大于 $1.56\mu g/cm^2$。

③ 助焊剂残留物测试

a. 一级电子产品：助焊剂残留物总量不大于 $200\mu g/cm^2$

b. 二级电子产品：助焊剂残留物总量不大于 $100\mu g/cm^2$

c. 三级电子产品：助焊剂残留物总量不大于 $40\mu g/cm^2$

④ 表面绝缘电阻测量

a. 按 GB/T 4677—2006 标准的 6.4.1 条规定方法测量。

b. 一、二、三级电子产品的表面绝缘电阻均不应小于 $100M\Omega$。

（3）印制电路板的防护与加固工艺

无人机系统电子设备常常要求能在高温、高湿、振动、冲击、工业大气、电磁干扰等恶劣环境中正常工作。对于这种在恶劣环境下工作的电子设备，必须采取各种特殊技术措施，也就是通常所说的防护加固技术。防护加固技术主要解决在结构和电子设计和组装工艺方面的热设计、抗振、三防措施、抗电磁干扰的措施和互连的可靠性等问题。合理地选用材料、有针对性地采取防护措施，改善电子产品储存、使用的环境，以确保产品的使用性能。本节将重点介绍无人机系统印制板组装件的防护加固有关工艺措施，这些措施也可以用于整机的防护加固，以提高无人机系统的抗恶劣环境的性能。

当无人机系统的工作和储存环境不能保证满足产品的元器件和材料的性能要求，或处于临界状态时，就要采取气候环境防护措施。气候防护加固又称三防防护措施，主要包括：采用三防的结构和防护工艺；采用耐腐蚀的材料保护层；改善设备的使用环境；使用能防止腐蚀介质接触材料表面的密封、包装等技术。

① 防护材料　防护材料分为金属材料和非金属材料两大类。

a. 金属材料。采用耐腐蚀的金属材料，如：钛合金、不锈钢及经防腐处理的铝合金等；用耐腐蚀的金属镀覆（如镀金、铑、铬、镍等）或者采取钝化或阳极化的表面处理；采用适当的热处理方法，降低或消除材料加工中的残余应力，也可以提高材料的耐腐蚀性。

b. 非金属材料。采用抗霉菌和低吸湿性的材料，耐臭氧和抗老化的橡胶及弹性材料，选择不挥发腐蚀性气体，并与金属无接触腐蚀的材料。所采用的材料都应能与电子产品保持材料的相容性。

② 降低和改善环境的严酷程度

a. 采取适当措施，降低和改善产品的工作和储存环境的严酷程度。通常采用：抽空或排除污染气体，对产品充惰性气体进行密封处理；采取隔热或冷却措施，防止过热引起材料老化变质；外加缓蚀、防霉杀菌等辅助防护剂改善环境；还可以利用过滤干燥等方法排除湿气、消除尘埃和污染。

b. 为防止产品在运输储存过程中受到损害，应合理选择包装的等级和进行包装设计，确定包装的种类和方法，如机械防护包装、防水包装、防潮包装、防锈包装、防霉包装等方式。

③ 气候防护加固工艺　在无人机系统电子产品中主要的气候环境防护工艺措施有以下几种。

a. 防潮湿。潮湿的环境会降低 PCBA（Printed Circuit Board Assembly，即 PCB 空板经过 SMT 上件或 DIP 插件的整个制程）的表面绝缘电阻，并能加速由于盐雾或不同电位差的金属接触的电偶腐蚀，引起金属锈蚀；在温度适宜时，还会加速霉菌的繁殖；柔软材料吸收湿气在低温下冻结会变硬变脆。必须采取综合措施防止潮湿气体的影响，常用的防潮方法有：采用排水或空气循环的方法消除工作环境的湿气，干燥过滤空气；应用保护层或耐腐蚀的材料，或对材料进行憎水处理改变亲水性，降低产品的吸水性；用环氧树脂、有机硅树脂等封装元器件或元器件与外壳之间的空间或引线孔的孔隙；用高强度的绝缘性能好的浸渍材料来填充某些绝缘材料及各种线圈中的空隙、小孔和毛细管等；对储存的元器件、零部件或半成品应用塑料袋密封包装。在采用这些防护措施时，应注意防止可能出现的不良效果，如：密封时应防止将潮气封在包装内，这样反而会加重湿气的影响。

b. 防盐雾。在无人机系统电子设备中，盐雾和湿气的凝聚，会形成强电解液，引起金属电化学腐蚀。腐蚀性气体是由塑料和有机物分解而产生的气体。大气中的腐蚀性物质，例如，工业污染物硝酸盐和硫酸盐、推进剂腐蚀性气体或液体、焊剂等，都可以引起化学腐蚀。常用的防护措施有：消除液体通道，在金属表面与液体表面之间设置油漆之类的阻挡层；减少阳、阴极电位差，在阳极区和阴极区镀覆能减少电位差的金属层；在金属表面生成一层氧化膜，如不锈钢和铝表面紧密的氧化层可防止金属腐蚀。

c. 防霉菌　防霉菌的主要措施有：选择不长霉的材料和采用防霉剂处理的零部件或设备。设备、部件密封，并放进干燥剂，保持内部空气干燥；在密封前，元器件、材料用足够强度的紫外线辐射，防止和抑杀霉菌。温度是腐蚀和长霉的条件，几乎所有材料的物理特性都随温度的变化而变化。所以对各类电子产品和零部件，在储存安装和使用过程中，应根据产品材料的性能要求采取适当的方法降湿或升温。

④ 防热工艺措施　由于电子组件密度的提高，印制板组装件单位面积的功率增大，整机体积又趋向小型化，所以电子产品工作后的温度升高是不容忽视的问题。为了减小温度变化对产品的影响，使产品能保持适当的温升，并能在较宽的温度范围内可靠工作，对电子产品的热设计和防热工艺措施，必须引起重视。除了在元器件参数的选择、布局、布线及整机结构等方面进行认真的热设计以外，在组装工艺中也必须采取适当措施，以保证有较好的散热效果，达到热设计的目的。通常采用的措施如下所述。

a. 对于发热元器件的安装（如电阻器），其引线尽可能短一些；功率大于 0.5W 的电阻，不应贴板安装，应与板面保持一定间隙以利于空气流动，从而对流散热。

b. 大功率晶体管采用散热器散热时，应在管子与散热器之间的绝缘垫片的两面涂上硅脂或绝缘导热脂，以减少散热器与管壳之间的接触热阻，绝缘垫片在涂上硅脂后期其热阻会明显下降百分之五十左右。

c. 散热器与大功率管散热接触面，应加工得平整光滑，在安装前应清洁处理，以保证尽量小的接触电阻。

d. 安装变压器等发热器件时，应使铁芯与支架、支架与固定面接触良好，减少热阻。

e. 变压器的表面应涂覆无光泽黑漆，金属散热器表面应作氧化处理，增强辐射散热能力。

f. 大功率元器件可直接安装在散热器上，散热器垫片厚度应大于 0.5mm。

g. 印制板上采用大面积的铜箔、外加铜导热条或铝基板散热时，可用导热绝缘胶直接将元器件粘到这些散热面上。

当采用机箱散热时，应根据设备工作时的热分布状态，建立模型，通过热分析计算后，确定采用机箱的类型（密封型、通风型和强制风冷型机箱），在组装工艺上，应注意在布置线束、电缆或较高的元器件时，不要遮挡冷却通风通道，以免影响冷却效果。

⑤ 防力学措施　无人机系统电子产品在运输、使用过程中难免会遇到冲击、振动和噪声等力学应力环境，一般是通过对环境因素引起的偏移和机械应力进行分析，来确定对冲击和振动的保护措施。假如由于冲击和振动等环境因素，在设备和材料内产生的机械应力小于材料所允许的安全工作应力，就不需要采用直接的保护措施；假如应力超过了安全值，则需要采取纠正措施，如提高强度、减少惯性和挠矩效应，以及增加支撑装置等。

对于冲击、振动和噪声这类力学环境，一般采用如下防护措施：消源设计、隔离设计（分为主动与被动隔离）、冲击隔离应使被隔离设备的自然频率高于它所承受的任何振动频率，隔离装置应具有较硬的弹簧，并要求弹性件具有较高的自然频率；采用隔离措施，必须充分了解真实环境和组件结构的特性，选用合适的隔离器；当震源频率低于隔离器固有频率时，隔振器不起作用，当震源频率与隔振器频率相等或相近时，则隔振器共振，会产生放大作用，甚至引起更严重的后果。降低隔振器共振幅度的唯一办法是增大阻尼，包括增加隔振器的阻尼和在隔振系统中附加阻尼的办法，可采用硅树脂、硅橡胶之类材料，但阻尼又不能过大，否则会增加抑制共振的能力而丧失减振性能。

a. 减振设计　常用的减振装置有阻尼减振、动力减振、摩擦减振和冲击减振等方式。

b. 抗振设计　随着元器件固有抗振性能的提高，对电子设备不采用减振和隔离装置的刚性化抗振技术的应用日趋普遍。在进行刚性化抗振设计时，一般应考虑以下通用要求：弄清设备内局部环境，改变安装位置，对振动和噪声敏感的部件，应安装在局部环境较好的位置；设法降低印制板上的振动响应，除采用约束阻尼处理技术外，还可以通过改变印制板的尺寸、安装方式以及元器件在板上的布局来改善印制板上的振动环境；设备的框架、印制板和插头（或插座）等采取加固安装，并防止紧固件松动。

除以上设计防护措施外，在工艺上还可以采取以下措施以提高整机的防振效果。

a. 为提高分立元器件的安装刚性，尽量缩短元器件引线的长度，尽可能做到贴板安装、焊接；并用环氧树脂或聚氨酯胶等将元件体固封在印制板上；对于每根引线承重大于 7g 的器件，应采用绑扎、夹紧等加固措施。

b. 集成电路一般要贴板安装，以降低安装的高度。

c. 对恶劣力学环境中使用的印制板组装件应按设计要求采用硅橡胶之类材料灌封，将元器件固定。

⑥ 印制板组装件的防护加固　无人机系统印制板组装件（PCBA）的防护目的是使 PCBA 在工作或储存期间，能抗恶劣环境对电子元器件的影响，同时元器件通过涂层与底板粘接后能增加机械强度、绝缘性能和可靠性性能，达到长时期的防护加固作用。

防护加固涂料（敷形涂料）属于特种涂料之一，应具有以下特性。

a. 有较好的电性能、防潮性能、具有抗霉性和耐盐雾性，以及较好的物理机械性能。

b. 涂料应当是聚合型的，涂料和溶剂应是无害的，不会引起 PCB、金属镀层、锡铅焊料元器件表面变色、起皱和溶蚀。

c. 涂层应是无色透明（允许附加物发荧光）不掩盖或减弱元器件上的鉴别标志和色码；涂层应光滑、连续、均一，不应有气泡、针孔、起皱、龟裂、脱层现象。

d. 有良好的工艺性，可采用浸涂、喷涂、刷涂等工艺，表干时间快。

根据上述要求，选择一个新品种的保护涂料必须按规定的程序，采用例行试验方法，优选综合性能好的涂料，并通过认证后才能应用。

常用无人机系统印制板组装件防护加固工艺有：单组分硅橡胶黏固工艺、温硫化硅橡胶灌注工艺、局部加固及灌封工艺等。下面重点介绍常用的有机硅凝胶防护灌封工艺。

常用的有机硅凝胶，按加入交联剂、催化剂和增补剂的配比不同，可分为四种型号，即 GN501、GN502、GN511、GN512。灌封印制板组装件，一般采用 GN502 及 GN512 硅凝胶。因为这两种胶固化时间短，固化温度低，在 25℃ 环境中就能固化。采用硅凝胶灌封印制板组装件，具有优良的三防作用，防臭氧、尘埃侵蚀，以及防潮、防震、绝缘等作用。该胶可在隔绝空气的条件下硫化，硫化时不收缩，灌封后的产品可在 $-65 \sim +180$℃ 温度范围内长期连续使用，并能保持弹性不变。

采用硅凝胶灌封工艺如下。

a. 将印制板组装件清洗干净，在 $45 \sim 50$℃ 的温度中预烘 $4 \sim 5$h；

b. 将不灌封的部位用压敏胶纸密封保护；

c. 用 1mm 厚的覆铜板和胶布在组装件上做一胎膜，内壁用压敏胶纸堵漏；

d. 硅凝胶的组分配比为 $M : N = 50 : 50$，将配制好的胶液立即置于真空箱内抽气泡，所抽真空度以容器内的硅橡胶不溢出为限。可以反复进行"抽—放—再抽"的抽放气操作，直到基本上没有气泡为止；

    e. 将被灌封印制板组装件放于水平位置，再将配制好的胶液缓缓注入被灌封的部位；

    f. 灌封后禁止移动灌封件，在室温下静置24h固化后脱模、清除废边。

使用硅凝胶工艺简单，但要特别注意，不能使胶液和含有氮、硫、磷的化合物及金属有机酸盐接触，以免使催化剂失效，不能固化。操作室内禁止吸烟，以免空气污染，导致胶液表面"中毒"发黏不干。

2.3.2 无人机系统电缆装联工艺

无人机系统电缆是无人机系统的"神经网络"，是各电子单元实现电力传输、指令传输、

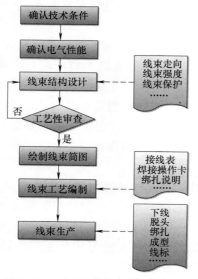

图 2-63 无人机系统电缆研制流程

信息交换的重要通道，是进行信号控制的主要载体。电缆的装联工艺是无人机系统电缆生产中的关键。电缆通常由导线、接触端子、结构件、防护套、绑扎扣等组成。电缆一般研制流程如图2-63所示。目前，主要依靠手工焊接工艺与压接工艺完成。

（1）电缆焊接工艺

焊接型电缆的制作工艺流程如图2-64所示。

电缆制作时，设计文件、工艺文件应齐套、有效；电缆制作用装备用完好、齐全，有标定要求的应在标定有效期内。线缆的长度公差应符合设计文件要求。

电缆导线端头处理按照印制电路板焊接工艺的要求进行。焊杯与导线的匹配性要求如下：每个焊杯内焊接的导线应保证所有导线与焊杯内壁的整个长度都接触，一般不超过三根；且导线安装没有相互绞合；一个焊杯焊接一根导线时，导线芯线直径与焊杯内部直径之比一般为0.6~0.9；当一个焊杯焊接两根导线时，其导线芯线直径之和不应超过焊杯内孔直径的90%；当一个焊杯焊接三根导线时，其导线芯线截面外切圆直径不应超过焊杯内孔直径的90%。

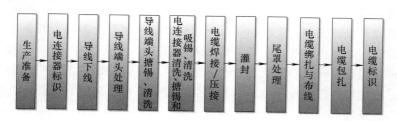

图 2-64 无人机系统电缆制作工艺流程

电连接器焊接质量与检验要求如下所述。

① 首先芯线应放置到焊槽根部且与焊槽相吻合，焊槽根部无裂纹。

② 焊锡充分熔化，浸透焊槽与芯线之间的缝隙并润湿芯线的表面，在焊槽（杯）外侧能隐约可见芯线的轮廓，焊点光亮，焊锡无堆集、拉尖、桥连、虚焊、气泡、针孔。

③ 焊点、焊脚根部、焊点之间及热缩套管上应无残留焊剂、锡渣、锡皮黏附等多余物。

④ 内绝缘体表面及插针、插孔周围的绝缘体无隆起或裂纹。

⑤ 电连接器外观应无损伤、变形，对插锁紧装置正常，插针无歪斜、针与针高度相差不超过 0.3mm。

⑥ 对插控内凹型能从对接面看到插孔的金属光泽，插孔无明显下陷。

⑦ 对插孔在绝缘体外部的电连接器，插孔无歪斜、无损伤，插孔在同一高度上。

⑧ 电连接器接口内部洁净，无污染、无多余物，电连接器均盖好防尘盖。

⑨ 尾罩处理时应注意每根导线沿焊脚轴向引出，并有应力消除余量，防止导线根部受力不当导致断裂，屏蔽层应无断丝，两片式尾罩外壳不应压线或损伤导线绝缘层。

⑩ 压线卡要安装到位，螺钉拧紧，无松动，保证电连接器螺钉卡簧安装方向正确。

电缆绑扎松紧适宜，绑扣间距一般为 150～200mm；应绑扎尾罩出线口部位、分支前后部位，绑扣宽度为 15～30mm；电缆布线弯曲半径应大于 10 倍电缆宽度。电缆的标志和代号应符合设计要求，字迹清晰、标识位置正确。

（2）电缆压接工艺

压接是通过压力使导体间形成永久性电连接的一种工艺方法。压接被现代军工、民用产品广泛采用，是因为压接连接机电性能好，耐环境应力能力强，可在高温、超低温、振动、冲击等恶劣环境下长期工作；压接工艺无污染，压接质量由工具保证，质量控制方便，可靠性高，压接连接的失效率比普通烙铁焊低一个数量级；压接还可用于各种无法焊接的特殊材料导线，也可在高空、井下、火工品现场等无电热源和禁用电热工具的特殊环境下进行可靠电连接；压接工艺简单、易于实现自动化。

现在无人机产品都不同程度地采用了压接，在提高系统可靠性、解决各种技术难题等方面都起到了重要作用。如：在超低温环境下工作的接点不能使用锡焊，采用压接则可以满足使用要求；在禁用电热工具的火工品现场，采用压接连接，操作既安全又可靠。目前无人机系统使用的还是普通型压接，随着技术的发展还会提出各种特殊压接的使用要求。

一般的电缆压接工艺流程如图 2-65 所示。

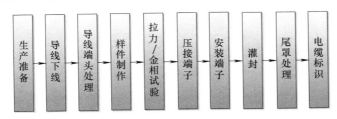

图 2-65　无人机系统电缆压接工艺流程

常见的压接方式为坑压，其质量检查主要包含以下几个方面。压线筒的压接部位应均匀变形；压线筒内所有芯线的圆形接面应发生变形，所有芯线之间、芯线与压线筒内壁之间存在的空隙面积应小于芯线总面积的 10%，导线和压线筒应呈气密性连接；变形后的压线筒不应有裂纹或损伤，镀层不应有隆起、起皮和脱落；金相显微检查应合格。

压接端子拉力试验常见的情况分析如下。

① 导线从压痕处断裂：此种情况耐拉力如果小于标准规定的导线最小耐拉力，为不合格；如果耐拉力远大于标准规定的导线最小耐拉力，要仔细分析原因，评审后确定是否合格可用。

② 导线拉断：优先选用。

③ 导线从端子根部断裂：此种情况分析同①。

④ 导线脱出：此种情况分析同①。

无论焊接型电缆还是压接型电缆，整机布线时应首先要优化整机布线工艺，合理布置装配线。在设计时，要使材料的每次移动尽可能简单而且距离短，电缆要留好应力释放弯，避免受力不当造成损伤，同时在与金属结构框架等直接接触的地方做好绝缘防护等措施，不要有交叉或者倒流。要规范电源线、控制线、装配线、接地线与信号线的布局空间，确保布局美观。

本章小结

本章主要讲述了无人机系统装调常用材料与工具及无人机系统组装工艺的相关内容。对无人机装调过程中常用的各种材料、组装工具和测试工具进行了分类和用途介绍；简述了无人机系统的机械装配工艺，从装配基准和装配定位基本要求出发，介绍了装配工艺规程和装配工艺内容，从机械连接技术、焊接技术和胶接技术三方面阐述了无人机系统机械装配工艺的内容；简述了无人机系统印制电路板和电缆的装联工艺，从焊接机理出发，分别重点介绍了熔焊、压焊、钎焊的工艺方法与要求，对清洗工艺方法与清洁度检测标准进行了简要说明，详细阐述了无人机系统印制电路板在恶劣环境下工作时的防护与加固技术，同时对焊接与压接电缆的制作流程方法与检验标准进行了介绍。

课后习题

一、填空题

1. 在组装无人机时我们通常要选取适合的材料，比如碳纤维、玻纤维、塑料、铝合金、轻木等，铝合金一般用于一些连接件，如管夹、折叠脚架等，轻木一般用于_____无人机，碳纤维、玻纤维、塑料材料等主要用_____无人机。

2. 泡沫板，多用于小型_____无人机，具有重量轻、制作简单、相对耐摔、容易修复等特点。

3. AWG硅胶线，其特点是耐高温、线身柔软有弹性、绝缘性能好，在无人机装配中常用作主电源线使用。其型号根据粗细来命名，其型号数越大，线越_____。

4. 无人机的组装包括_____组装、电气组装、_____组装。

5. 手电钻是手工制作、维修必备的工具，可用来钻孔、_____、拧螺钉等，常用的有充电式手电钻、_____手电钻。

6. 从剪切面、刃口来看：_____刃口比较薄，比较锋利，适用于剪细铜线和塑料橡胶等材料，剪断铜线后的切口是平的，剪塑料齐整；_____刃口比较厚，可以剪粗一点的铜线和铁线，剪断铜线后的切口是斜的。

7. 焊锡主要的产品分为_____、焊锡条、_____三个大类，其可应用于各类电子焊接上，如手工焊接、波峰焊接、回流焊接等。

8. 低电量报警器（又称BB响），简称为电压显示器，主要有两个功能：电压显示和_____。

9. 无人机装配基准，是指确定无人机结构件之间相对位置的一些点、线、面。无人机装配基准可分为_____基准及_____基准。

10. 无人机装配常用的定位方法有_____、基准工件定位法、_____、装配型架定位法。

11. 无人机装配的连接技术，主要包括机械连接技术、焊接技术和胶接技术等，其中机械连接又分为_____和螺栓连接。

12. 无人机常用的焊接方法有电弧焊、_____、高能束焊、_____、扩散焊、搅拌摩擦焊等。

13. 常见的电子装联工艺包括焊接（软钎焊）工艺、_____、_____与固封工艺等。

14. 常见的焊料包括有铅焊料、_____、共晶焊料等。

15. 焊剂按活性等级可分为 R 型、_____型和_____型。

16. 常见的印制电路板焊接的工艺方法有手工焊接、_____、波峰焊接等工艺方法。

17. 金与焊料中的金属 Sn 结合可生成 $AuSn_4$ 合金，呈枝晶状结构，其性能变脆，机械强度下降。为防止"金脆"现象出现，镀金引线在焊接前必须经过_____处理。

18. 无人机系统印制电路板清洗方法主要有_____清洗、_____清洗、气相清洗、水清洗和半水清洗。

19. 在无人机系统电子产品中主要的气候环境防护工艺措施有_____、_____、防霉菌。

20. _____是通过压力使导体间形成永久性电连接的一种工艺方法。

二、简答题

1. 无人机装调常用的材料有哪些（至少列举 6 种）？

2. 无人机常用的装调工具有哪些？

3. 无人机装调常用的焊接工具有哪些？

4. 无人机装调常用的测试工具有哪些？

5. 工艺基准根据使用功能不同可分为哪几类？

6. 简述无人机装配主要内容。

7. 简述无人机装配工艺规程的制定步骤。

8. 简述无人机装配连接方式中胶接的优缺点。

9. 简述胶接工艺一般流程。

10. 复合材料的连接一般采用何种连接技术，有哪些优点？

11. 简述焊剂的作用。

12. 简述手工焊接工艺的流程。

13. 简述再流焊的焊接原理。

14. 设计产品时，除了在元器件参数选择、布局、布线及整机结构等方面进行设计以外，在组装工艺中也必须采取适当的措施，以保证有较好的散热效果，达到热设计的目的。简述通常采用的工业措施有哪些？

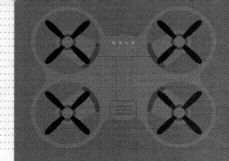

多旋翼无人机系统组装

3.1 多旋翼无人机概述

多旋翼飞行器也称为多轴飞行器，它通常有三个或三个以上的独立动力系统来进行各种控制动作，不同于单旋翼，多旋翼机械结构简单，只需要协调电机之间的转速即可实现控制，飞行器的机动性通过改变不同旋翼的扭力和转速来实现。相比传统的单水平旋翼直升机，它构造简单、易于维护、操作简便、稳定性高且携带方便。其系统高度智能，飞行器姿态保持能力较强，具有非常广阔的使用领域和研究价值。常见的多旋翼飞行器，如：四旋翼、六旋翼和八旋翼，被广泛用于影视航拍、安全监控、安全防范、农业植保、电力巡线等领域。

多旋翼无人机的优势：

① 体积小、重量轻、噪音小、隐蔽性好，适合多平台、多空间使用；

② 可以垂直起降，不需要弹射器、发射架进行发射；

③ 飞行高度低，具有很强的机动性，执行特种任务能力强；

④ 结构简单，控制灵活，成本低，螺旋桨小，安全性好，拆卸方便。

3.1.1 多旋翼无人机的基本组成

多旋翼无人机系统一般由机架（机身、机臂、起落架）、动力系统（电机、电调、电池、螺旋桨）、飞行控制系统（飞控平台、数传电台、地面站、GPS 等）、遥控装置（遥控器、遥控接收机）和任务载荷等模块组成，如图 3-1 所示。

(1) 机架

机架指多旋翼无人机的机身，是多旋翼无人机其他结构的安装基础，起承载作用。机架由碳素、玻纤、碳纤、航空铝合金、钛合金等多种材料制成，由于材料和重量不相同，价格也不相同。

(2) 动力系统

动力系统是指为无人机飞行提供动力的系统。目前多旋翼无人机采用的动力系统一般分为电动系统和油动系统，在民用和商用领域，多旋翼无人机常用的是电动系统。电动系统一般由电池、电机、电调和螺旋桨组成。

(3) 飞行控制系统

无人机飞控平台是控制无人机飞行姿态和运动的设备，由传感器、机载计算机和执行机构三大部分组成。飞控中集成了高精度的感应器元件，包括陀螺仪、加速度计、角速度计、

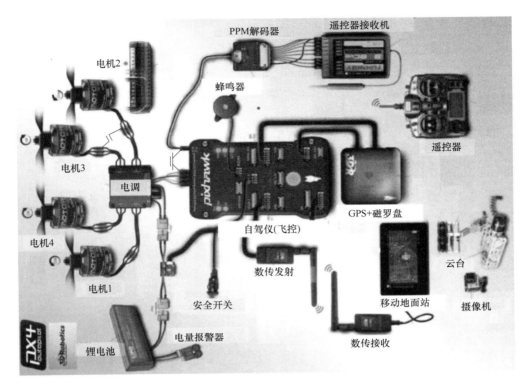

图 3-1 多旋翼无人机的基本组成

气压计、GPS、指南针、控制电路等。多旋翼无人机常用的飞控主要有 F3 飞控、A2 飞控、Naza 飞控、A3 飞控等。

(4) 遥控装置

遥控装置一般指地面上可以对无人机发出指令以及接收无人机回传信息的设备，它的硬件可以是一个遥控器，也可以是一部手机或一台笔记本电脑。在多旋翼无人机的应用中，遥控器是最常见的一种遥控装置。遥控器集成了数传电台，通过控制摇杆的舵量向无人机发出控制信号，以此实现对无人机的控制。遥控器分美国手和日本手，区别在于一个是左手油门一个是右手油门。通常遥控器可以控制无人机飞行姿态（如俯仰运动、滚转运动、偏航运动）和控制油门增减。

(5) 任务载荷

任务载荷是指装备到无人机上用以实现无人机飞行所要完成的特定任务的设备、仪器和分系统，统称为无人机的任务载荷。无人机系统升空执行任务，通常需要搭载任务载荷。

任务载荷一般与侦察、武器投射、通信、遥感或货物有关。无人机的设计通常围绕所应用的任务载荷进行。常用的任务载荷介绍如下。

① 图传，是指无线图像传输，提供机载设备的无线图像系统的数据链路通道，负责记载图像采集数据，并实时无损/有损地传输到地面接收设备上，供观察和存储以及图像分析等后续工作。

② 云台，是指安装、固定摄像机的支撑设备，主要的作用是防止拍摄画面抖动以及控制云台转动角度以改变拍摄角度。

3.1.2 多旋翼无人机常用术语

(1) 基本术语

① UAV：无人驾驶飞机，"Unmanned Aerial Vehicle" 的缩写。

② DIY："Do-It-Yourself" 的缩写，是指用一些特别的材料定制一个多旋翼无人机。

(2) 机械学方面

① 尺寸大小（Size）：通常以毫米（例如 350mm）计算，尺寸指无人机上的两个电机之间最大的点对点距离。尺寸大小也可描述无人机的类型（迷你型、微型等）。例如 F450 就是轴距为 450mm 的多轴无人机。

② 重心（CG）："Center of Gravity" 缩写，无人机重心应位于机身重力前后左右都平均分配的一点（重心位置在设计无人机时非常重要）。

③ 减震器（Dampener）：小型橡胶模制件，用于减少机身的振动。

④ 机架（Frame）：无人机的机架与人类的骨架相似，机架撑起所有部件，保护机身。

⑤ 起落架（Landing Gear）：为了让无人机着陆时不易损坏易碎的器件，必须使用起落架。飞机的起落架上安装有轮子，无人机的起落架与飞机不同，它使用塑料、金属或橡胶材料缓冲着陆。

⑥ LED：为了夜间定位无人机的位置，需要安装 LED（发光二极管）。

⑦ 螺旋桨保护罩（Prop Guards）：螺旋桨保护罩可有效地防止螺旋桨与外部环境碰撞，也能保护操作员免受锋利的螺旋桨割伤。

⑧ 外壳（Shell）：无人机的外壳由各种材料制成，它的设计既要考虑审美（风格），又要考虑功能（保护机身）。外壳形状是流线型的，可减少空气阻力。

(3) 传感器方面

① 加速度传感器（Accelerometer）：此传感器设计用于测量线加速度。

② 气压计（Barometer）：此传感器通过测量气压提供无人机距离地面的高度。气压随高度而变化，无人机可以通过气压计来确定自身的高度。

③ 陀螺仪（Gyroscope）：陀螺仪用于测量 x、y 或 z 轴上的角加速度，让无人机平稳飞行。

④ GPS："全球定位系统" 的简称，GPS 传感器允许卫星接收无人机的位置，无人机可以执行飞到指定坐标地点的任务，GPS 还提供可靠的续航能力，防止无人机出现失踪现象。

(4) 驱动系统方面

① ESC："电子速度控制系统"（Electronic Speed Controller）的缩写，用于连接飞行控制器、电机和电池，调节电机旋转的速度。

② Li-Po："锂聚合物电池/高分子锂电池"（Lithium Polymer）的编写，是无人机驱动通用的电池类型，这种电池非常轻便，并能释放大量的电流。

③ 电机（Motor）：电机是无人机中驱动螺旋桨旋转的部件。大的无人机通常使用无刷电机，而较小的无人机通常使用有刷电机。

④ PCB："线路板"（Printed Circuit Board）的缩写，无人机许多不同的部件可以焊接到这种扁平的玻璃纤维部件上。

⑤ 配电板（Power Distribution）：为了给无人机的不同部分供电，电池电量必须在不同设备中共享或 "拆分"，这就需要一个配电板。配电板从无人机的电池中引出单个负极和正

极，并为整个无人机提供许多其他终端（或连接点），以便其他设备可以接收到电力。

⑥ 螺旋桨适配器（Prop Adaptor）：用于将无人机的电机连接到螺旋桨。

（5）视频方面

① FPV："第一人称视角"（First Person View）的缩写，你可以看到无人机相机所录制的直播视频，能为用户带来身临其境的飞行体验。

② LCD："液晶显示器"（Liquid Crystal Display）的缩写，这种屏幕用于显示接收器发送的图像。

③ 万向节（Gimbal）：万向节用于在飞行过程中固定相机，这样用于拍摄的镜头就不会抖动。

④ GoPro：这是一款受欢迎的运动/动作相机，可以通过适当的支架连接到无人机。

⑤ 图传：是指实时图像无线传输（分 WIFI 图传和 5.8G 影音图传等系统），由发射、接收、显示器组成。

⑥ 数传：是指无人机数据链，可实时反馈无人机飞控系统数据、故障、GPS、航线等。

⑦ 二轴、三轴自稳云台：是指带有陀螺仪获取云台的姿态，可以控制二轴、三轴通过 PID 来驱动电机保持云台的水平姿态。

3.1.3 多旋翼无人机的组装步骤

多旋翼无人机的内部结构相对简单，组装的过程有很多相似性，建议一般的组装步骤为：

① 机架的组装；

② 动力系统的组装；

③ 飞控系统的组装；

④ 遥控装置的组装；

⑤ 任务载荷的组装。

在不影响飞行性能的前提下，部分组装顺序可适当调整，不同的多旋翼无人机产品，其组装步骤可能会要求两个或两个以上的系统并行组装，步骤如图 3-2 所示。

注意：在无人机装配前要对各零部件进行测试、修整、筛选出不合格部件等。

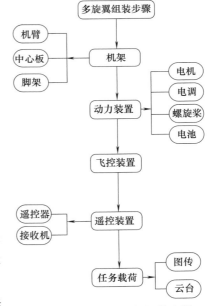

图 3-2 多旋翼无人机组装步骤

3.2 多旋翼无人机机架系统的组装

3.2.1 机架系统简介及选配

机架一般由机身、机臂和起落架等部分组成。机身是承载多旋翼无人机所有设备的平台。多旋翼无人机的安全性、可用性以及续航性能都和机身的布局密切相关。因此在设计多旋翼无人机时，其机身的尺寸、布局、材料、强度和重量等因素都是应该考虑的。

（1）机架重量

机架的重量主要取决于其尺寸和材料。由于在相同拉力下，机架越轻意味着可分配的有效载荷越大，因此在保证机架性能的前提下，<u>重量应尽量小</u>。

（2）机架轴距

轴距是指机架对角线两个电机或者桨叶中心的距离，机架按轴距一般分为 180 无人机、250 无人机和 450 无人机等。轴距是用来衡量多旋翼无人机尺寸的重要参数，它通常被定义为外圈电机组成圆周的直径，轴距示意图如图 3-3 所示。

（a）QAV180 　　　　　（b）QAV250 　　　　　（c）F450

图 3-3　轴距示意图

（3）机架类型

根据旋翼轴数的不同，可分为三轴、四轴、六轴、八轴甚至是十八轴等，如图 3-4 所示。根据发动机个数分有三旋翼、四旋翼、六旋翼、八旋翼甚至十八旋翼等。轴数和旋翼数一般情况下是相等的，但也有特殊情况，比如三轴六旋翼，是在三轴每个轴上下各安装一个电机构成六旋翼。

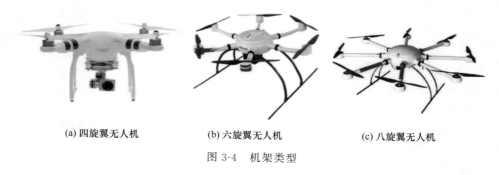

（a）四旋翼无人机 　　　　　（b）六旋翼无人机 　　　　　（c）八旋翼无人机

图 3-4　机架类型

（4）机架布局

常见的机架布局有 X 型、I 型、V 型、Y 型和 IY 型等，如图 3-5 所示。目前常用的 X 型结构，具有以下特点。

① 机动性更强。

② 前视相机的视场角不容易被遮挡。

（5）机架材料

按机架材质一般有以下几种。

① 塑料　具有一定的刚度、强度和可弯曲度，易加工且价格便宜，比较适合初学者，如图 3-6（a）所示。

② 玻璃纤维　刚度和强度比较高，加工困难，价格较高，密度小，可以减轻整体机架的重量。中心板多用玻璃纤维，机臂多用管型，如图 3-6（b）所示。

③ 碳纤维　相比玻纤机架，强度更高、价格更贵。出于结构强度和重量的考虑，机架一般选用碳纤维材料，如图 3-6（c）所示。

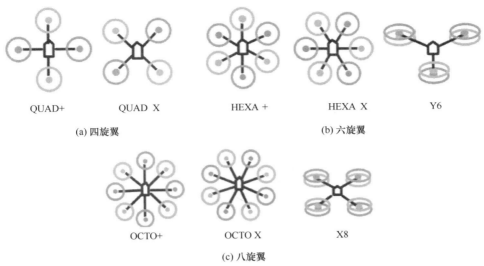

(a) 四旋翼 　　　　　　　　　　　　　　　　(b) 六旋翼

(c) 八旋翼

图 3-5　多旋翼机架布局

④ 铝合金/钢　适合自己 DIY 制作。

(a) 塑料机架　　　　　　　(b) 玻璃纤维机架　　　　　　(c) 碳纤维机架

图 3-6　机架材料

(6) 起落架

起落架是多旋翼无人机唯一和地面接触的部位。作为整个机身在起飞和降落时候的缓冲，也是为了保护机载设备，要求强度高、结构牢固、和机身保持相当可靠的连接，能够承受一定的冲力。一般在起落架前后安装或者涂装上不同的颜色，用来在多旋翼无人机远距离飞行时能够区分多旋翼无人机的前后。

3.2.2　机架系统的组装步骤

本章以 F450 多旋翼无人机为例，介绍其组装步骤，机架的组成如图 3-7 所示。

(1) 机架系统组装的注意事项

① 检查机架零部件是否缺少。

② 零部件是否有破损、变形。

③ 螺钉数量是否足够、螺钉长度是否合适。

④ 正常使用符合螺钉规格的螺丝批，防止螺钉滑丝。

⑤ 焊接时注意不能有虚焊，防止在飞行过程中因为抖动而导致接口松动。

⑥ 上螺钉时按照对角线原则拧螺钉，待所有螺钉上完再拧紧。

⑦ 同颜色机臂装在同一侧，方便飞行时辨认机头方向。

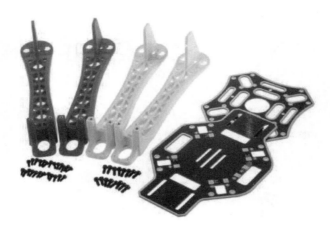

图 3-7 F450 机架

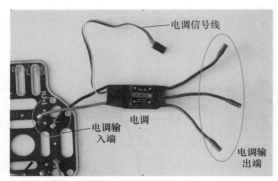

图 3-8 电调焊接示意图

（2）机架系统组装步骤

需要注意的是，在安装机架之前应先将中心板底部的主电源线和电调电源线先焊接好，以免整机装配好后不便于焊接。

① 电调焊接 将电调输入端的两根电源线分别焊接到下中心板（分电板）的正极（红线）和负极（黑线）上，电调的输出端焊接上插头，具体如图 3-8 所示。

② 电源插头焊接 电源线选用 14AWG 软硅胶线（注意：红线接正极，黑线接负极），剥线时注意不要破坏红色电源线的硅胶层，以免造成短路，并且长度刚好够焊接到中心板上即可。

电源线接头用 XT60 公头，焊接时，注意接头上的十、一接口对应着红线与黑线，剥线长度为 4mm 可刚好插入 XT60 接口。电源线插头焊接如图 3-9 所示。

③ 电源线和电源管理模块焊接 将电源线和电源管理模块的正极线缆端一起焊接

图 3-9 电源线插头焊接

到中心板上电源正极位置，将电源线和电源管理模块的负极线缆端一起焊接到中心板上电源负极位置，如图 3-10 所示。

④ 检查短路 焊接完成后，检查上述焊接电路是否漏焊虚焊，再用万用表测试各个焊点是否短路。

⑤ 安装机架 按照电机安装顺序把已经安装好电机的四个机臂安装在下中心板上，同色机臂在同一侧，拧螺钉时，力度要适度，避免拧坏螺钉，先打对角螺钉，拧至 2/3 处，全部拧完后统一拧紧。安装位置如图 3-11 所示。四个机架安装完成后的整体示意图如图 3-12 所示。

⑥ 安装脚架 用脚架附带的螺钉，把脚架、下中心板、机臂拧紧，如图 3-13 所示。四个脚架安装完成后的整体示意图如图 3-14 所示。

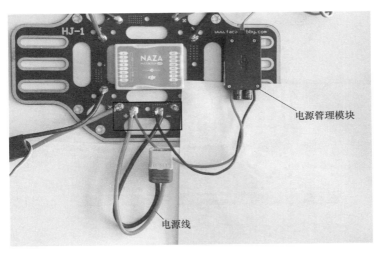

图 3-10　电源线和电源管理模块的焊接

图 3-11　机臂和下中心板安装位置

图 3-12　机架安装示意图

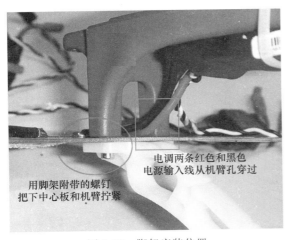

图 3-13　脚架安装位置

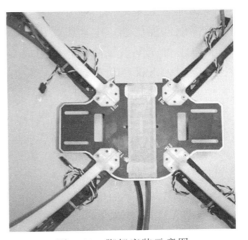

图 3-14　脚架安装示意图

⑦ 安装上中心板　取出上中心板，把上中心板拧紧在机臂上。注意，电源模块插头要和飞控上面的电源插口保持在一边，如图 3-15 所示。

图 3-15　上中心板安装

3.3　多旋翼无人机动力系统的组装

3.3.1　动力系统简介及选配

　　根据动力来源不同，无人机可分为油动和电动两种。顾名思义，油动无人机采用燃料（汽油）作为驱动，电动无人机采用电池（锂电池）作为驱动。目前大型、小型、轻型无人机广泛采用的动力装置为活塞式发动机系统。而出于成本和使用方便的考虑，微型无人机中普遍使用的是电动动力系统。

　　电动系统和油动系统的多旋翼无人机各具特色，应用场合和性能特性也有区别。

　　• 电动无人机的优点主要有以下几方面。

① 系统稳定性强，可靠性高；

② 日常维护简单，易掌握，对飞行员的操作水平要求低；

③ 场地适应能力强，展开迅速，轻便灵活；

④ 高原性能优越，电动机输出功率不受含氧量影响；

⑤ 电池可充电重复使用，使用成本低，同时环保低碳；

⑥ 电动无人机震动小，成像质量好

　　• 电动无人机的缺点如下所述。

① 抗风力弱（最高可抗 5 级风）；

② 续航能力弱（基于现有电池的能量密度，电动无人机的续航能力较弱）。

　　• 与之相比，油动无人机也有某些优点，具体如下。

① 油动无人机具有较好的抗风能力；

② 油动无人机续航能力强。

　　• 油动无人机的缺点如下所述。

① 油动无人机使用复杂，不易掌握，对飞行员的操作水平要求高；

② 稳定性差（现有民用无人机大多采用航模发动机，发动机稳定性差，工艺复杂）；

③ 环境场地适应能力差，高原性能不足；

④ 震动大（发动机震动较大，影响成像质量，容易对传感器造成损伤）；

⑤ 危险性大（油动无人机系统较重，危害大）。

多旋翼无人机电动系统通常包括螺旋桨、电机、电调以及电池。桨叶转动提供升力，电机转动带动桨叶转动，电调控制电机转动，电池给动力系统提供电能。动力系统决定了多旋翼的主要性能，例如悬停时间、载重能力、飞行速度和飞行距离等。动力系统的部件之间需要相互匹配与兼容，否则很可能无法正常工作，甚至在某些极端情况下突然失效导致事故发生。

（1）螺旋桨

桨叶是通过自身旋转，将电机转动功率转化为动力的装置。在整个飞行系统中，桨叶主要起到提供飞行所需动能的作用。螺旋桨是直接产生多旋翼运动所需的力与力矩的部件，合适的螺旋桨对提高多旋翼性能和效率有着直接的影响。电机效率会随螺旋桨尺寸变化而变化，所以合理匹配的螺旋桨可以使电机工作在更高效的状态，从而保证在产生相同拉力情况下消耗更少的能量，进而提高续航时间。

① 指标参数

a. 型号。假设螺旋桨在一种不能流动的介质中旋转，那么螺旋桨每转一圈，就会向前进一个距离，就称为螺距或桨距。

螺旋桨一般用 4 个数字表示，其中前面 2 位是螺旋桨的直径，后面 2 位是螺旋桨的螺距。比如：1045 桨的直径为 10 英寸，而螺距为 4.5 英寸。

b. 半径。一般情况下，半径增大拉力随之增大，效率随之提高。所以在结构允许的情况下尽量选半径较大的桨。此外还要考虑桨尖气流速度不应过大（＜0.7 音速），否则可能出现激波，导致效率降低。

c. 桨叶数目。一般情况下，桨的拉力系数和功率系数与桨叶数目成正比。航拍无人机多用两叶桨，穿越机多用三叶桨或更多桨叶数目的桨。

d. 叶素。桨的各个剖面称为叶素。

e. 翼型。桨的剖面的形状称为翼型。

f. 弦长。桨的剖面向下的投影长度称为弦长。

g. 螺旋桨力效。力效（单位：g/W）＝拉力（单位：g）/机械功率（单位：W），其中机械功率（单位：W）＝输出力矩（单位：N·m）×螺旋桨转速（单位：rad/s）。

② 静平衡和动平衡　进行静平衡和动平衡测试的目的是减少振动。螺旋桨静平衡是指螺旋桨重心与轴心线重合时的平衡状态；而螺旋桨动平衡是指螺旋桨重心与其惯性中心重合时的平衡状态。当出现不平衡的情况时，可以通过贴透明胶带到轻的桨叶，或用砂纸打磨偏重的螺旋桨平面（非边缘）来实现平衡。

③ 螺旋桨的分类　根据材质的不同，桨叶可以分成注塑桨、碳纤桨和木桨。

a. 注塑桨。注塑桨是指使用塑料等复合材料制成的桨叶，如图 3-16 所示。

b. 碳纤桨。碳纤桨是指使用碳纤维制成的桨叶，如图 3-17 所示。碳纤维是一种与人造丝、合成纤维类似的纤维状碳材料。由于碳纤维的材料有优异的硬度，可制成合适的桨形，因此非常适合技巧性飞行，其效率优于木桨，价格比木桨贵。

图 3-16　注塑桨

c. 木桨。木桨是指使用木材制成的桨叶，硬度高、质量轻，材料多为榉木，经过风干、打蜡、上漆以后不怕受潮，如图 3-18 所示。在航空史中，木桨在早期扮演了非常重要的角色。第一次世界大战时期的很多无人机都使用的木桨，后来才逐渐被铁桨取代。

图 3-17　碳纤桨

图 3-18　木桨

④ 螺旋桨选用原则　螺旋桨越大，升力越大，但对应的需要更大的力量来驱动；螺旋桨转速越高，升力越大；电动机的 KV 值越小，转动力量越大。因此，大螺旋桨需要用低KV 值的电动机，小螺旋桨就需要用高 KV 值的电动机（因为需要用转速来弥补升力不足）。如果高 KV 值带大桨，力量不够，实际还是低俗运转，电动机和电子调速器很容易烧坏；如果低 KV 值带小桨，完全没有问题，但由于升力不够，可能造成无法起飞。

选择螺旋桨时应考虑以下因素。

a. 不同材质的螺旋桨，价格和性能差别较大，根据实际需要，选择最适合的螺旋桨。

b. 螺旋桨的型号必须与电动机的型号相匹配，可参考电动机厂家推荐使用的螺旋桨型号，如表 3-1 所示。

表 3-1　某品牌无刷电动机（X2212）参数

参数	电动机 KV 值			
	980	1250	1400	2450
空载电流/A	0.3	0.6	0.9	1.6
电动机电阻/mΩ	133	79	65	32
最大连续功率/W	300	390	365	450
质量（含长线）/g	58.5	58	59	57
最大电池节数	2～4	2～4	2～4	2～3
建议使用电调规格/A	20	30	30	40
推荐的螺旋桨规格	APC8038，APC9047，APC1047，GWS8043，APC8038	APC8060，APC9047，APC9045，APC9060	APC9047，APC9045，APC8060，APC8038，APC7062	AOC6040
适用多旋翼飞行器的质量/g	300(3S 038/1047，4S 8038/8043/8045/9047)	—	—	尾推特技机 550(3S 6040)

对于电动机需要使用对应的螺旋桨直径，表 3-2 列出了几种常用电动机与螺旋桨的搭配。

表 3-2　电动机与螺旋桨的常用搭配

电动机 KV 值	螺旋桨直径/英寸	电动机 KV 值	螺旋桨直径/英寸
800~1000	10~11	2200~2600	6~7
1000~1200	9~10	2600~2800	5~6
1200~1800	8~9	>2800	4~5
1800~2200	7~8		

注：1 英寸=2.54cm。

(2) 电机

电机是由电动机主体和驱动器组成，是一种典型的机电一体化产品。在整个飞行系统中，起到提供动力的作用。多旋翼的电机主要以无刷直流电机为主，将电能转换成机械能。

① 电机分类　在微型无人机当中使用的动力电机可以分为两类：有刷电动机和无刷电动机。其中，有刷电动机由于效率较低，在无人机领域已逐渐不再使用。无刷直流电机具有多种优势，比如效率高、便于小型化以及制造成本低。无刷电机由控制器提供不同方向的直流电，来达到电机线圈电流方向的交替变换，无刷电机的转子和定子之间没有电刷换向器。

无刷电机的内转子电机和外转子电机如图 3-19 所示。外转子电机可以提供更大的力矩，因此更容易驱动大螺旋桨而获得更高效率。无刷电机需要用交流电来驱动，所以外面需要接上一个电子调速器。

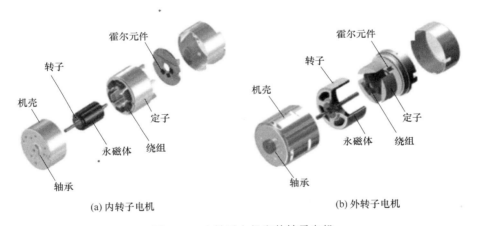

(a) 内转子电机　　　　　　　　　(b) 外转子电机

图 3-19　内转子电机和外转子电机

② 电机工作原理　图 3-20（a）是一个外转子电机的结构图。电机的基本工作原理如图 3-20（b）所示。转子上有一对永磁铁，定子上有如图 3-20 展示的线圈 A、B、C。这时对线圈进行通电，产生电磁场。无刷直流电机的工作原理在于永磁铁磁场和电磁场相互作用，吸引转子转动。

当转子上的永磁铁磁场与电磁场重合时，线圈 B 通电，产生了新的电磁场，

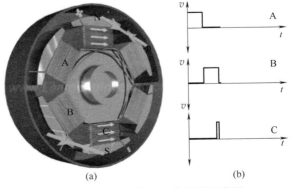

(a)　　　　　　　(b)

图 3-20　电机结构与工作原理示意图

这时转子继续被吸引；当永磁铁磁场到达线圈 B 附近时，线圈 C 通电；然后永磁铁磁场到达线圈 C 附近时，线圈 A 通电；周期性的对线圈 A、B、C 进行通电，进而周而复始地驱动转子转动。

③ 指标参数　电机的指标参数包括尺寸、标称空载 KV 值、标称空载电流和电压、最大电流/功率、内阻、电机效率、总力效等参数。具体内容如下：

a. 尺寸。电机的尺寸取决于定子的大小，由一个四位数字来表示。例如 2212（或写成 22×12）电机，前两个数字代表定子直径（单位为 mm），后两个数字代表定子高度（单位为 mm），因此 2212 电机表示电机定子直径为 22mm，定子高度为 12mm。

b. 标称空载 KV 值。无刷直流电机的 KV 值指的是空载情况下，外加 1V 电压得到的电机转速值（单位为 r/min）。大型螺旋桨可以选用 KV 值较小的电机，而小型螺旋桨可以选用 KV 值较大的电机。

c. 标称空载电流和电压。在空载（不安装螺旋桨）试验中，对电机施加空载电压（通常为 10V）时测得的电机电流被称为空载电流。

d. 最大电流/功率。最大峰值（瞬时）电流/功率：电机能承受的最大瞬时电流/功率；最大连续（持续）电流/功率：电机能允许持续工作（规定时间）而不烧坏的最大连续电流/功率。

e. 内阻。电机电枢本身存在内阻，但该内阻很小，但是由于电机电流很大有时甚至可以达到几十安培，所以该小内阻不可忽略。

f. 电机效率。电机效率是评估性能的一个重要参数。电功率（W）＝电机输入电压（V）×电机电流（A），电机效率＝机械功率（W）/电功率（W）。不同情况下的电机效率如图 3-21 所示。

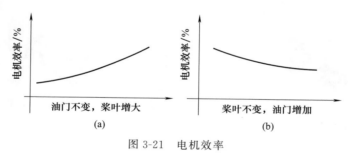

图 3-21　电机效率

g. 总力效。总力效的计算方式如下：总力效（g/W）＝螺旋桨拉力（g）/电功率（W）＝螺旋桨力效×电机效率。

表 3-3 给出了某款电机的性能参数，通过表中内容可看出不同螺旋桨和不同油门指令下的总力效是不同的，通过表中的功率和拉力可以计算出总力效值。

④ 有刷电机和无刷电机的优缺点

有刷电机的优点如下所述。

a. 低速扭力性能优异、转矩大。

b. 相比无刷电机，电子零件少，价格便宜。

c. 由于电子零件少，传感器受干扰、电子零件失灵等影响减小。

有刷电机缺点如下所述。

a. 有刷和转换器之间有摩擦，造成效率降低、噪音增加、容易发热，有刷电机的寿命要比无刷短很多。

表 3-3　电机 T-MOTOR MN5212 KV420 性能参数

电机型号	电压/V	螺旋桨型号	油门指令	电流/A	功率/W	拉力/g	转速/(r/min)	力效/(g/W)	转矩/(N·m)	温度/℃
T-MOTOR MN5212 KV340	24	T-MOTOR 15×5CF	50%	3.3	79	745	3821	9.44	0.142	38
			55%	4.2	99.8	910	4220	9.11	0.172	
			60%	5.2	123.6	1075	4576	8.7	0.198	
			65%	6.3	150.7	1254	4925	8.32	0.232	
			75%	9.1	217.2	1681	5663	7.74	0.31	
			85%	12.2	292.1	2115	6315	7.24	0.382	
			100%	17.8	426.7	2746	7167	6.44	0.498	
		T-MOTOR 18×6.1CF	50%	5.7	137.5	1318	3596	9.58	0.29	74
			55%	7.4	178.1	1612	3958	9.05	0.344	
			60%	9.3	222	1901	4310	8.56	0.411	
			65%	11.6	278.2	2259	4622	8.12	0.472	
			75%	16.5	395.5	2835	5226	7.17	0.605	
			85%	22.1	531.1	3477	5751	6.55	0.737	
			100%	31	744.7	4355	6358	5.85	0.918	

b. 维护麻烦，需要不停地换电刷。

c. 因为电阻大，故效率低、输出功率小。

d. 电刷和换向器摩擦会引起火花，干扰大。

无刷电机的优点如下所述。

a. 没有电刷和转向器的摩擦，噪音低、振动少、发热少、寿命长。

b. 不需要更换电刷，维护简单。

c. 没有电刷产生的火花，干扰少。

d. 转矩特异性优异，中、低速转矩性能好，启动转矩大，启动电流小。

无刷电机的缺点如下所述。

a. 需要无刷电调配合才能工作，价格比有刷的要高。

b. 其可靠性受电子零件影响，或者传感器受到干扰电机会失效。

⑤ 电机特性曲线　电机特性曲线最主要的参数为电源输入电压、电流以及动能输出的转矩与转速。图 3-22 所示为一常见的电机特性曲线。

由上图可知，当传递 10N·m 的扭矩时，相应的转速为 220r/min，在此转速下，电机消耗大约 12A 的电流。当电机以最大效率运行时，标称（即最佳）值比较适用，但是在实际操作中，电机的工作点并不总是与这些值一致，因此效率会降低，故在实际操作中，电机的运行温度往往会高于预期。

需特别注意的是，电机输入电源分为电压及电流两部分，但在上图当中没有体现电压信息，因为电压一般皆为固定值，不会变动。在实际使用时，可能会因为电源不稳定而产生输入电压下降，在未考虑电压的情况下，可能会造成输入功率及效率运算错误的情况。

⑥ 电动机选用原则　在电机的选用原则上，通常根据机架尺寸范围，选取相应 KV 值的电机，常用搭配见表 3-4。

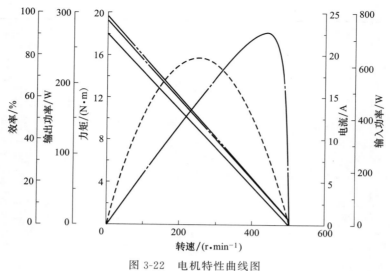

图 3-22　电机特性曲线图

表 3-4　电机与机架常用配制表

机架尺寸/mm	常用电机 KV 值	机架尺寸/mm	常用电机 KV 值
350~450	1000 左右	180	3000 左右
250	2000 左右		

（3）电子调速器

① 电调简介　电调全称为电子调速器，Electronic Speed Controller，简称 ESC。在整个飞行系统中，电调主要提供驱动电机的指令，来控制电机，完成规定的速度和动作等。电调是控制电动机转速的调速器，必须与电动机相匹配。电调的核心硬件电路是三相逆变桥，通过不同时刻开通三相逆变桥中不同的功率管，实现把电池提供的直流电转变成交流电送给电机，让电机运行。

所谓电调就是电压调节器，也可以通俗的说成是电机调节器。电调可以通过接收 PWM 信号来将输入的电源转为不同的电压，并输出到电机，从而达到使电机产生不同的转速的目的。有刷电调可以改变电流方向，从而可以改变电机转动方向。而无刷电调却不能改变电机的转动方向，但是可以将直流电转为三相交流电，从而输出到无刷电机上。电调还有两个比较重要的指标：最高电压和最大电流。通常在电调上会标有 "LiPo 3-4S" 字样，表示电调所支持的最高电压是 16.8v。电调的最高电压并不是越高越好，因为最高电压越大，电调的体积就越大，重量也就越大，飞机的负载也就越大。所以在飞机设计中通常是选择合适的电调，而不是一味地选择高电压电调。电调的最大电流表示流经电调本身的电流的最大值，通常是 10A、15A、20A、30A 或 40A。如果在无人机飞行过程中我们需要电机高速转动，就需要更高的电压和电流，如果电流值超过电调所能承受的最大电流时，就会导致电调过载、烧毁，电机停转，进而可能出现坠机的情况。所以要慎重考虑电调最大电流的选择，通常在 450mm 轴距以下的多旋翼无人机中采用 20A 以下的电调就可以满足需要。

无人机用电调具有以下作用。

a. 电调最基本的功能就是通过飞控板给定 PWM 信号进行电动机调速。

b. 电调为遥控接收机上其他通道的舵机供电。

c. 电调为飞控供电。

d. 充当换相器的角色，因为无刷电动机没有电刷进行换相，所以需要靠电调进行电子换相。

e. 电调还有一些其他辅助功能，如电池保护、启动保护和刹车等。

电调的指标参数主要有以下。

a. 最大持续/峰值电流。最大持续电流指的是在正常工作模式下的持续输出电流，峰值电流指的电调能承受的最大瞬时电流。

b. 电压范围。电调能够正常工作所允许输入的电压范围也是非常重要的参数。一般在电调说明书上可以看到标注，例如 "LiPo 3-4S" 字样，表示这个电调适用于 3 到 4 节电芯串联的锂聚合物电池，也就是说它的电压范围为 11.1～16.8V。

c. 内阻。电调具有相应内阻，其发热功率需要注意。有些电调电流可以达到几十安培，发热功率是电流的平方，所以电调的散热性能也十分重要，因此大规格电调内阻一般都比较小。

d. 刷新频率。电机的响应速度与电调的刷新速率有很大关系。在多旋翼无人机开始发展之前，电调多为航模飞机而设计，航模飞机上的舵机由于结构复杂，工作频率最大为50Hz。相应地，电调的刷新速率也都为 50Hz。多旋翼与其他类型飞机不同，不使用舵机，而是由电调直接驱动，其响应速度远超舵机。目前，具备 UltraPWM 功能的电调可支持高达 500Hz 的刷新频率。

e. 可编程特性。通过内部参数设置，可以达到最佳的电调性能。通常有三种方式可对电调参数进行设置：可以通过编程卡直接设置电调参数；通过 USB 连接，用电脑软件设置电调参数；通过接收器，用遥控器摇杆设置电调参数。

f. 兼容性。如果电机和电调兼容性不好，那么会发生堵转，即电机不能转动了。

电调的控制方式主要有方波驱动（BLDC）和正弦波驱动（矢量控制，Field Oriented Control）。

方波是数字信号，可控制元件工作在开关状态，电路简单容易控制且发热小。正弦驱动在运行平稳性、调速范围、减振减噪方面优于方波驱动。目前可采用光电编码器、霍尔传感器或者基于观测器的方法测量转子角度。因为多旋翼电机始终工作在高转速状态下，可以基于观测器的方法进行矢量调制，节约成本。

② PWM 信号　PWM 英文全称为 Pulse-Width Modulation，也称占空比信号，它表示高电平时长占整个信号周期的比例。例如：PWM 的整个周期为 2ms，而高电平时长为0ms，低电平时长为 2ms，那么占空比的值为 0%；又如高电平时长为 1ms，而低电平时长为 1ms，那么占空比信号则为 50%；如果高电平时长为 2ms，而低电平时长为 0ms，那么占空比信号为 100%。示例如图 3-23 所示。

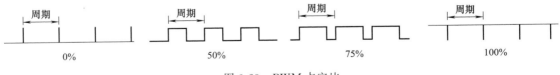

图 3-23　PWM 占空比

电调的频率是通常是没有规定的，可以是 50Hz、100Hz、200Hz 或 500Hz 等。控制频率越高，其周期越短，控制间隔也就越短，电调和电机响应速度也就越快。早期电调响应 PWM

信号的频率是 50Hz，但随着科技的发展和对控制流畅度的要求，现在多数电调都支持 500Hz 以上的 PWM 信号，并且电调内部自带滤波器，可以很好地响应并控制电机的转动。

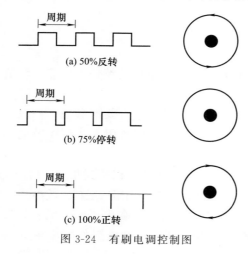

(a) 50%反转

(b) 75%停转

(c) 100%正转

图 3-24　有刷电调控制图

③ 有刷电调控制　通过向电调输入 PWM 信号，从而使电调来控制有刷电机。想要改变电机的转动方向，只需要改变其电源的正负极即可，也就是改变电流的方向。有刷电调可以通过内部电路来改变输出电流的方向，从而达到电机不同方向的转动。如图 3-24 所示。

由图 3-24 可知，当 PWM 为 75% 时，电机停止转动；当 PWM 为 50% 时，电机反向转动；而当 PWM 为 100% 时，电机正向转动。当然电调不仅仅会让电机正反转，而是可以通过 PWM 的占空比大小来调节电机转动的速度。当 PWM 由 75% 逐渐变化到 50% 时，电机就会由停转不断反向加速转动，直到反向转动达到最大值。而 PWM 由 75% 逐

渐变化到 100% 时，电机由停转不断正向加速，直到正转达到最大值。就是说 PWM 是一个可以连续变化的信号，有效范围是 50%～100%，但是通常电调可接受的 PWM 值范围都会大于这个范围，例如有些电调的 PWM 范围是 40%～100%。

④ 无刷电调控制　对于无刷电调，它的作用是将直流电转为三相交流电，并可以通过改变输出电压，从而改变无刷电机转动的速度。与有刷电调不同的是，无刷电调不能改变电机的转动方向，改变无刷电机转动方向只需要将电机的三根电源线的任意两根反接即可。由于无刷电调不能改变电机的转动方向，所以 PWM 占空比由 50% 到 100% 逐渐变化的过程就是电机由停转到越转越快的过程，直至达到最大转速，如图 3-25 所示。

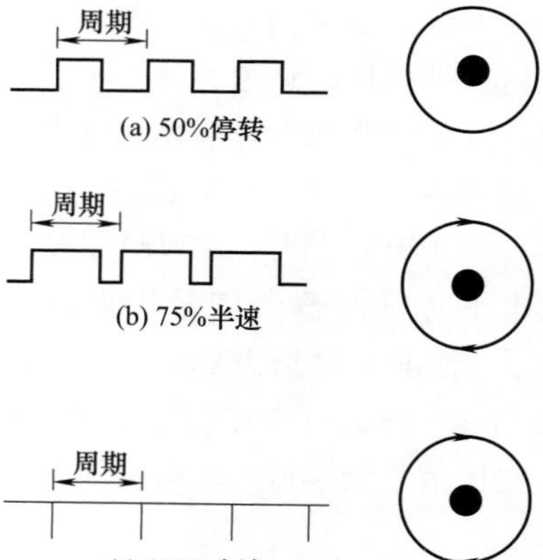

⑤ 选用原则　电动机确定好之后，便可知其最大电流，可以根据电动机的最大电流选择电调。在选择电调之前，应比较各品牌电调的性能参数和性价比，选择最合适的电调。电调和电动机要合理匹配，选择时一般遵循如下原则。

a. 电调的输出电流必须大于电动机的最大电流。

b. 电调能够承受的最大电压要大于电池电压。

c. 电调最大电压不能超过电动机能够承受的最大电压。

d. 电调最大持续输出电流要小于电池持续输出电流。

(a) 50%停转

(b) 75%半速

(c) 100%全速

图 3-25　无刷电调控制图

例如，现有电动机带桨的最大电流是 20A，那么就必须选取能输出 20A 以上电流的电调（25A、30A、40A），越大越保险。

现在多旋翼无人机使用的电调一般分两类，一种是带 BEC 的电调，一种是不带 BEC 的 OPTO 光电电调。BEC（Batterg Eliminator Circuit）是免电池电路的意思，有分流供电能力，可将动力电池电压变为 5V 电压给飞控供电，但是在一个四旋翼无人机中，如果四个电调都给飞控供电，就容易混乱，通常只会保留一个电调供电。如果飞控使用不带 BEC 的电

调就需要给飞控单独供电。

（4）电池

电池是将化学能转化成电能的装置。在整个飞行系统中，电池作为能源储备，为整个动力系统和其他电子设备提供电力来源。目前在多旋翼飞行器上，一般采用普通锂电池或者智能锂电池等。

① 电池简介　电池主要用于提供能量。目前无人机最大的问题在于续航时间不够，其关键就在于电池容量的大小。现在可用来做无人机动力的电池种类很多，常见的有锂聚合物电池（LiPo）和镍氢电池（NiMH），主要因为其优良的性能和便宜的价格。

锂聚合物电池（Li-Polymer，又称高分子锂电池）是一种化学性质的电池，锂电池组包含两部分：电池和锂电池保护线路。相对普通电池来说，锂电池能量高、小型化、轻量化、放电电流大、单片电池电压大。在形状上，锂聚合物电池具有超薄化特征，可以配合一些产品的需要，制作成不同形状与容量的电池。该类电池，理论上的最小厚度可达 0.5mm。锂聚合物电池具有高倍率、高能量比、高性能、高安全性、寿命长、无污染、质量轻等优点。

镍氢电池是一种性能良好的蓄电池，可分为高压镍氢电池和低压镍氢电池。低压镍氢电池具有能量密度高、可快速充放电、低温性能良好、耐过充放电能力强的特点；且无树枝状晶体生成，可防止电池内短路；安全可靠对环境无污染，无记忆效应。高压镍氢电池可靠性强，有较好的过放电、过充电保护，可耐较高的充放电率且无枝晶形成；具有良好的比特性；循环寿命长，可达数千次；低温性能优良，在−10℃时，容量没有明显的改变。

② 电池指标参数

a. 标称电压。无人机系统的电池电压是用伏特（V）来表示的。标称电压是厂家按照国家标准标示的电压，实际使用时电池的电压是不断变化的。一般说一组或一个电池的电压都是标称电压，比如锂聚合物电池，标称电压一般为 3.7V，但使用中的实际电压往是高于或低于这个标称电压的，锂聚合物单块电芯电池正常使用的最低电压是 2.7V，最高是 4.2V，不同种类电池的截止电压不同，具体如表 3-5 所示。

表 3-5　电池的截止电压

电池种类	放电最低截止电压/V	充电最高截止电压/V
锂离子	2.7	4.2
锂聚合物	2.7	4.2
锂锰	2.7	4.2
锂铁	2.7	3.6
镍氢	0.8	1.5

b. 电池容量。电池的容量是用毫安·时（mA·h）来表示的，它的意思是电池在 1h 内可以放出或充入的电流量。例如，1000mA·h 就是这个电池能保持 1000mA（1A）放电 1h。但是，随着放电过程的进行，电池的放电能力下降，其输出电压会缓慢下降，导致其剩余电量与放电时间并非呈线性关系，所以不能说这个电池在 500mA 时能维持 2h。不过电池的小电流放电时间总是大于大电流放电时间的，所以可以近似算出电池在其他电流情况下的放电时间。

在实际多旋翼飞行过程中，有两种方式检测电池的剩余容量是否满足飞行安全的要求。

一种方式是检测电池单节电压，另一种方式是实时检测电池输出电流，再做积分计算。

注意：单电芯充满电电压为 4.2V，放电完毕会降至 3.0V（再低可能过放导致电池损坏），一般无人机在低于 3.6V 之前会电量报警。

c. 充/放电倍率。一般充放电电流的大小常用充放电倍率来表示，即充放电倍率＝充放电电流/额定容量。例如：额定容量为 100A·h 的电池用 20A 放电时，其放电倍率为 0.2C。

电池的放电能力是以放电倍率（C）来表示的，即按照电池的标准容量可达到的最大放电电流。此外，放电电流不但和 C 有关，还和容量相关，因此 C 小的电池有可能比 C 大的放电电流还要大。不论何种电池，放电倍率越大，寿命越短。电池放电倍率是表示放电快慢的一种量度，越大表明放电越快。所用的容量 1h 放电完毕，称为 1C 放电；5h 放电完毕，则称为 0.2C 放电。容量 5000mA·h 的电池最大放电倍率为 20C，其最大放电电流为 100A。C 的倒数是电池放完电所用的时间，单位为 h。

充电倍率一般用于充电时限制最大充电电流，以免充电电流过大损害电池使用寿命，计算方法与放电电流相同、也用 C 来表示。锂聚合物电池一般属于高倍率电池，可以给多旋翼无人机提供动力。放电电流不能超过其最大电流限制，否则可能烧坏电机。注意不能用低 C 的电池大电流充放电，这样会使电池迅速损坏，甚至自燃。

d. 串联并联数。在无人机系统电池的串并联数表示方法中，经常用"XSXP"表示电芯并联或串联的情况。XS（series，串联）代表电池组中串联电池的个数，所以 3S 代表内有 3 个电芯串联；XP（parallel，并联）代表并联电池的个数。因此，2100mA·h 电芯名为 3S4P 的电池组共有 12 个电芯；单节电压 3.7V，3S1P 表示 3 片锂聚合物电池的串联，电压是 11.1V；又如 2S2P 电池表示 2 片锂聚合物电池的串联，然后两个这样的串联结构并联，总电压是 7.4V，容量是单个电池的两倍。

e. 循环寿命。电池的循环寿命一般指充满并放光一次电，即充电周期的循环数。锂电池的寿命一般为 300～500 个充电周期。

f. 内阻。欧姆内阻主要是指由电极材料、电解液、隔膜电阻及各部分零件的接触电阻组成，与电池的尺寸、结构、装配等有关。电池的内阻不是常数，在充放电过程中随时间不断变化，不是线性关系，常随着电池状态和使用寿命的变化而变化。电池的内阻很小，我们一般用毫欧的单位来定义。正常情况下，内阻小的电池的大电流放电能力强，内阻大的电池放电能力弱。

不仅在放电过程中电压会下降，而且由于电池本身具有内阻，其放电电流越大，自身由于内阻导致的压降就越大，所以输出的电压就越小。

g. 能量密度。能量密度是指在一定的空间或质量物质中储存能量的大小。

③ 电池选用原则

a. 电池输出电流一定要大于电动机的最大电流。

b. 电动机工作电压由电调决定，而电调电压由电池输出决定，所以电池的电压要等于或小于电动机的最大电压。

c. 电池电压不能超过电调最高承载电压。

d. 电池的放电电流达不到电调的电流时，电调就发挥不了最高性能，而且电池会发热，甚至爆炸，所以一般要求电池的持续输出电流大于电调的最大持续输出电流。

e. 电池容量与无人机续航能力密切相关，电池容量越大，续航能力越强。但不同尺寸的机架选用的电池容量不一样，常用搭配见表 3-6。

表 3-6　电池与机架的常用搭配

机架	常用电池搭配	机架	常用电池搭配
QAV180	3S 1300mA·h 25C/45C	F330	3S 2600mA·h 25C/45C
QAV250	3S 2200mA·h 25C/45C	F450	3S 3300mA·h 25C/45C

3.3.2　动力系统的组装步骤

(1) 电机与电调的连接方式

在多旋翼无人机的动力系统组装中，电机与电调的连接是其中的重要内容，具体包括两种方式：直接连接、交叉连接。

① 电调与电机直接连接　因为电池输入的是直流电，电流需要电子调速器将其变成三相交流电，还需要从遥控器接收机那里接收控制信号，控制电机的转速。如图 3-26 所示，在电调与电机的直接连接中，采用电调的 3 根输出线与电机的 3 根输入线直接焊接的方式。

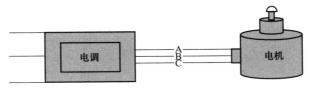

图 3-26　电调与电机直接连接

② 电调与电机交叉连接　电机为飞行器提供动力，由电调输出的三相交流电驱动。三条线中互换两条会将电机的转向反向。电机不直接连接电池。如图 3-27 所示，把电调的 2 根输出线与电机的 2 根输入线互换，即可改变电机的旋转方向。

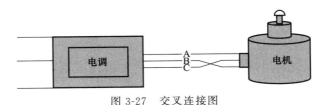

图 3-27　交叉连接图

此外，在电机与电调的连接中，还需考虑如下注意事项。

a. 连接焊接处要牢固、可靠，不能有虚焊，防止无人机在飞行过程中因为抖动而导致意外。

b. 线缆长度适宜，合理布线，保障无人机外表美观。

c. 所有焊接连接处以及铜线裸露的地方都必须套上热缩管。

d. 为方便替换零部件，一般在连接处使用香蕉头连接。

(2) 电机的安装

电机的安装过程，需要综合考虑无人机机头方向、螺钉长度、电机座与机臂的连接、电机的固定、电机的水平校正以及电机的测试等。

① 工具准备　准备好电机、机臂和螺钉等配件和工具，如图 3-28 所示。安装电机时使用的螺钉长度要合适，螺钉过长会顶到电机定子导致烧坏电机，太短不能完全把电机固定锁在机臂上。

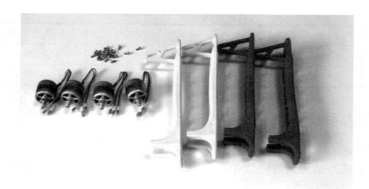

图 3-28　电机安装配件图

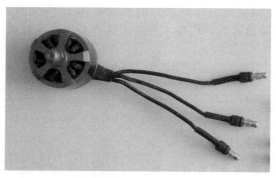

图 3-29　电机插头焊接

② 电机插头焊接　将电机的输入端线缆裁剪至合适的长度，并焊接上插头，焊接部位用热缩管进行防护，如图 3-29 所示。

③ 将电机焊接在机臂上　把电机放在机臂电机安装座上，电机线向中心板方向，三条电源线分别向下穿过机臂孔，如图 3-30 所示。拿出机臂附带的电机安装螺钉，在螺钉上滴一点螺纹胶，把电机拧紧在机臂上，如图 3-31 所示。拧紧后，要通过电机座的散热孔观察下，螺钉有没有太长而顶到电机定子上。将组装好后的机臂安装到下中心板上，如图 3-32 所示。具体安装细节详见机架安装部分。

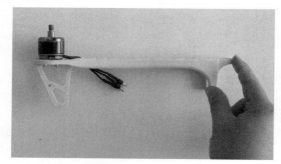

图 3-30　电机和机臂安装

图 3-31　电机螺钉安装（用六角螺丝批拧紧）

注意：

· 安装电机时无人机机头方向的左上和右下为顺时针（CW）电机，右上和左下为逆时针（CCW）电机。

· 使用螺钉固定电机时，一定要使用螺纹胶或其他螺钉防松装置，保证电机座与机臂连接牢固。

· 电机安装好后要校正水平，电机不平会使多轴无人机的稳定性大大降低。

④ 对接安装　将电机输入端插头和电调输出端插头进行对接，如图 3-33 所示。选取直径为 5cm 的热缩管，用剪刀剪成 12 个长度为 2cm 的小管，每个电机插头上套一个，再接上

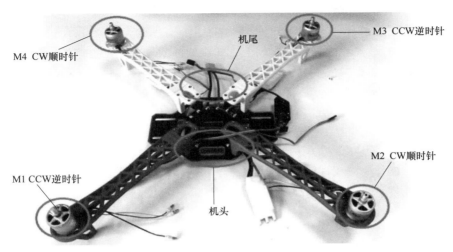

图 3-32　机臂与下中心板安装

电调和电机的插头。3 条线可以随意接，到调试飞控阶段，才能确定电机旋转方向是否正确，所以现在只是插上接头，等调试完毕再加热热缩管和扎好电线。

⑤ 测试转向　当整机安装完成后，要测试电机转向是否正确。如发现电机转向不对，将电机与电调三根连线中的任意两条对调即可。

(3) 电调的安装

无人机系统中的电调安装步骤如下。

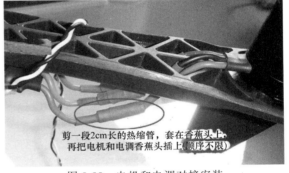

剪一段2cm长的热缩管，套在香蕉头上，再把电机和电调香蕉头插上(顺序不限)

图 3-33　电机和电调对接安装

① 电调预处理　按照实际需求把电调输出端的线缆截取到合适的长度（4cm），去掉线缆外表层的绝缘皮大约 2mm，焊接上电源插头（插头和电机上的是一对），并用热缩管进行防护，如图 3-34 所示。

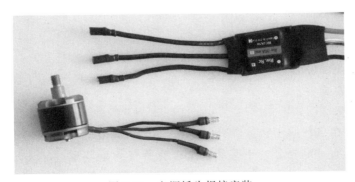

图 3-34　电调插头焊接安装

② 电调输入端焊接　将电调的输入端焊接到上中心板的电调电源位置处，红色线焊接在 "＋" 处，黑色线焊接在 "－" 处，见 3.2.2 节图 3-8。

③ 电调与机臂安装　为了防止安装电调后会松动，剪一块 3cm×1cm 的海绵双面胶，

撕掉海绵双面胶一面的薄膜，粘在电调平整面的中间，如图 3-35 所示。电调的这面装有散热片，不能用海绵双面胶覆盖整个面。该版本的四轴工作电流小于 14A，预计电调发热不大，并且安装时，有散热片的平整面应朝上，螺旋桨的吹风能带走电调的热量，所以就算是覆盖部分散热片对散热影响也不大。

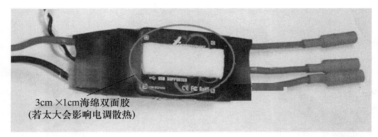

图 3-35 电调上安装双面胶

把电调上面双面胶的薄膜撕掉，粘在机臂上。四个电调安装的位置要保持一致，电调一般要安装在靠近机臂上螺钉那端。然后用扎带放在电调中间，紧紧地扎在机臂上（注意，打结的位置要在机臂上，不要打在电调上，防止压坏电调），如图 3-36 所示。

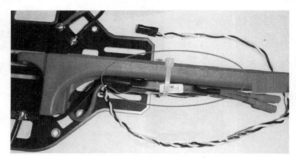

图 3-36 电调与机臂的安装

④ 电调与电机的连接 当电机安装完成后，要把电调的输出端插头和电机的输入端插头进行连接，详见图 3-33。

电调线缆说明如下所示。

• 电调的输出线（有刷两根、无刷三根）与电机连接。

• 电调的输入线（红、黑线）与中心板上的电调电源位置相连。

• 电调的信号线（最细的线）与飞控连接。

（4）螺旋桨的安装

螺旋桨安装注意事项如下。

① 螺旋桨一般在飞行前才安装。

② 安装螺旋桨前一定要分清正桨和反桨。螺旋桨如果装反，起飞时由于受力不平衡，无人机必然会倾覆。

③ 固定螺旋桨的螺帽一定要锁紧。飞行中由于电机的高频振动很容易引起螺钉松动造成射桨，射桨不仅会造成炸机，也可能会对飞手和其他人的生命安全造成威胁。

④ 安装螺旋桨时，注意螺旋桨转向必须保证推力向上，风向下推进。凸面为迎风面，对于四轴来说，就是凸面朝上。

螺旋桨的正确安装方式和错误安装方式如图 3-37 所示。

(5) 电池安装

在多旋翼无人机系统组装中，电池的安装步骤如下。

① 待机架及相关部件安装好后，对其进行检查，检查是否有漏装的部件、组部件之间的电源连接是否正确。

② 检查无误后，开始安装电池，电池一般都在中心位置，电池用扎带扎好，使用 3M 魔术贴黏合固定，如图 3-38 所示。

③ 调整电池的前后安装位置，使重量保持平衡。

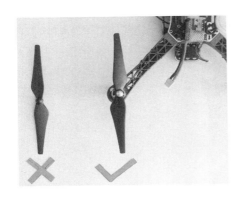
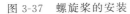

图 3-37　螺旋桨的安装

图 3-38　电池安装

3.4 多旋翼无人机飞控系统的组装

飞行控制系统集成了高精度的感应器元件，主要由陀螺仪（飞行姿态感知）、加速计、角速度计、气压计、GPS 及指南针模块（可选配）、控制电路等部件组成。通过高效的控制算法内核，能够精准地感应并计算出飞行器的飞行姿态等，再通过主控制单元实现精准定位悬停和自主平稳飞行。根据机型的不一样，可以有不同类型的飞行辅助控制系统，有支持固定翼、多旋翼及直升机的飞行控制系统。

3.4.1　飞控系统简介

在没有飞行控制系统的情况下，有很多的专业飞手经过长期艰苦的练习，也能控制飞行器非常平稳地飞行，但是，这个难度和要求特别高，同时需要非常丰富的实战经验。如果没有飞行控制系统，飞手需要时时刻刻关注飞行器的动向，眼睛完全不可能离开飞行器，时时刻刻处于高度紧张的工作状态。而且，人眼的有效视距是非常有限的，即使能稳定地控制飞行，但是控制的精度也很可能满足不了航拍的需求，控制距离越远，控制精度越差。还有，对于不同的拍摄需求，以及面临不同的拍摄环境或条件，人为飞行控制更是难上加上，甚至根本不可能实现。飞行控制系统是目前实现简单操控和精准飞行的必备武器。

(1) PIXHAWK 飞控系统

PIXHAWK 飞控的零部件如图 3-39 所示。

接口定义如图 3-40、图 3-41、图 3-42 所示。

图 3-39　PIXHAWK 飞控零部件

1—附带 SD 卡的 PIXHAWK；2—蜂鸣器；3—安全开关；4—SD 卡 USB 适配器；5—USB 连接线；6—六线制连接线×2；
7—电源模块；8—I2C 分配器模块；9—四接口 I2C 分配器连接线；10—三线制伺服连接线；11—泡沫双面黏胶

图 3-40　飞控正面接口

1—Spektrum DSM 接收机专用接口；2—遥测：屏蔽显示 OSD（TELEM2）；3—遥测：数传（TELEM1）；

4—USB 接口；5—SPI 总线（串行外设接口）；6—电源模块（接供电检测模块）接口；7—安全开关接口；

8—蜂鸣器接口；9—串口；10—GPS 模块接口；11—CAN 总线接口；12—I^2C 分路器或指南针（罗盘）模块接口；

13—模数转换器（ADC）6.6V 接口；14—模数转换器（ADC）3.3V 接口；15—LED 指示灯接口

图 3-41　飞控前端面和侧面接口

1—输入/输出重置按钮；2—SD 卡插槽；3—飞行管理重置按钮；4—Micro-USB 接口

图 3-42　飞控后端面接口

1—RC 输入；2—S. BUS 接口；3—主输出；4—辅助输出

（2）大疆飞控系统

飞行控制器主要由主控单元、IMU（惯性测量单元）、GPS 指南针模块、LED 指示灯模块等部件组成。

① 主控单元是飞行控制系统的核心，通过它将 IMU、GPS 指南针、舵机和遥控

接收机等设备接入飞行控制系统从而实现飞行器自主飞行功能。除了辅助飞行控制以外，某些主控器还具备记录飞行数据的黑匣子功能。主控单元还能通过 USB 接口，进行飞行参数的调节和系统的固件升级。主控单元如图 3-43 所示。

② IMU（惯性测量单元）包含 3 轴加速度计、3 轴角速度计和气压高度计，是高精度感应飞行器姿态、角度、速度和高度的元器件集合体，在飞行辅助功能中充当极其重要的角色。惯性测量单元如图 3-44 所示。

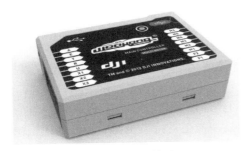

图 3-43　主控单元

图 3-44　惯性测量单元

③ GPS 指南针模块包含 GPS 模块和指南针模块，用于精确确定飞行器的方向及经纬度。对于失控保护自动返航、精准定位悬停等功能的实现至关重要。GPS 模块如图 3-45 所示。

④ LED 指示灯模块用于实时显示飞行状态，是飞行过程中必不可少的，它能帮助飞手实时了解飞行状态。LED 指示灯如图 3-46 所示。

图 3-45　GPS 模块

图 3-46　LED 指示灯

(3) 地面站

无人机地面控制站是整个无人机系统非常重要的组成部分，是地面操作人员直接与无人机交互的渠道。它具有包括任务规划、任务回放、实时监测、数字地图、通信数据链在内的集控制、通信、数据处理于一体的综合能力，是整个无人机系统的指挥控制中心。并且支持多架无人机的控制与管理。

地面站系统应具有下面几个典型的功能。

① 飞行监控功能　无人机通过无线数据传输链路，下传飞机当前各状态信息。地面站将所有的飞行数据保存，并将主要的信息用虚拟仪表或其他控件显示，供地面操纵人员参考。同时根据飞机的状态，实时发送控制命令，操纵无人机飞行。

② 地图导航功能　根据无人机下传的经纬度信息，将无人机的飞行轨迹标注在电子地图上。同时可以规划航点航线，观察无人机任务执行的情况。

③ 任务回放功能　根据保存在数据库中的飞行数据，在任务结束后，使用回放功能可以详细地观察飞行过程的每一个细节，检查任务执行效果。

④ 天线控制功能　地面控制站实时监控天线的轴角，根据天线返回的信息，对天线校零，使之能始终对准飞机，跟踪无人机飞行。

无人机与地面控制站通过无线数传电台通信，按照通信协议将收到的数据解析并显示，同时将数据实时存储到数据库中，在任务结束后读取数据库进行任务回放。地面站各模块功能说明如下所述。

① 导航数据库　导航数据库是无人机地面站系统中极其重要的一部分。航点及航线信息、任务记录信息、系统配置信息、历次飞行数据等都保存在数据库中，用户在界面上操作，可频繁读写数据库。

② 用户界面　用户界面模块是地面控制人员与无人机交互的窗口。用户界面是基于MFC框架的对话框，基于该对话框，添加了地图操控的 ActiveX 控件、虚拟航空仪表控件、菜单和 MFC 基本控件等，界面友好，操纵方便。

③ 地图导航　地图导航模块是根据飞机下传的经纬度和行程信息，将飞机的当前位置标注在地图上，同时标注飞机的飞行轨迹。地图导航功能还支持飞机居中、在地图上摄取航点、地图的放大/缩小、漫游等功能。

④ 串口通信　串口通信模块采用第三方串口通信类。地面站中实现了多线程、多串口的全双工通信，可实时发送或接收数据。

(4) 数据链路

数据链路包括数传和图传。数传就是数字传输，数传终端和地面控制站（笔记本或手机等数据终端），接收来自飞控系统的数据信息。图传就是图像传输，接收机载相机或摄像机拍摄的图像，一般延迟在几十毫秒左右，目前也有高清数字图传，传输速率和清晰度都有很大提高。

① 数传电台　商用数传电台可抗干扰、支持跳频、带数据效验和冗余，在数据回传、失控保护方面也非常稳定，配合飞控支持的地面站能够定航点、定航路完成预定任务。

数传电台是指借助 DSP 技术和无线电技术实现的高性能专业数据传输电台。采用数字信号处理、数字调制解调，具有前向纠错、均衡软判决等功能。数传电台一端接入计算机（地面站软件），一端接入多旋翼无人机自驾仪，通信采用一定协议进行，从而保持自驾仪与地面站的双向通信。

数传电台的指标有以下几方面。

a. 频率。可选择 433MHz 或 915MHz。美洲地区可用 915MHz；欧洲和中国等一般用 433MHz，对 915MHz 频段是禁用的。

b. 传输距离。根据功率大小不同，不同的数传电台具有不同的传输距离。

c. 传输速率。传输速率是数传电台的空间数据传输效率的重要指标，可以根据实际应用需求进行设置。

d. 通信协议。通信协议又称通信规程，是指通信双方对数据传送控制的一种约定。只要按照一定的通信协议，可以使得地面站软件通用起来，可以兼容不同的自驾仪。例如，MAVLink 通信协议是一个为微型飞行器设计的非常轻巧的、只由头文件构成的信息编组库；MAVLink 最初由劳伦兹·迈耶根据 LGPL（Lesser General Public License）许可在 2009 年初发表的。

② 图传系统　无人机的图传系统是把无人机携带的相机载荷捕获的取景画面、飞行数据等信息传到操作者的屏幕上。图传主要有模拟图传和数字图传两种。

a. 模拟图传。早期的图传设备都采用的是模拟制式，它的特点是只要图传发射端和接收端工作在一个频段上，就可以收到画面。

模拟图传的优点如下。

ⓐ 价格低廉，市面上的模拟图传发射和接收套装通常价格较低。

ⓑ 可以多个设备同时接收视频信号，模拟图传的发射端相当于广播，只要接收端的频率和发射端一致，就可以接收到视频信号，方便多人观看；选择较多、搭配不同的天线可实现不同的接收效果。

ⓒ 工作距离较远，以常用的 600mW 图传发射为例，在开阔地方工作距离在 2km 以上。

ⓓ 配合无信号时显示雪花的显示屏，在信号微弱时，也能勉强判断飞机姿态。

ⓔ 一体化的视频接收及 DVR（录像）和 FPV 专用视频眼镜技术成熟，产品选择多。

ⓕ 视频信号基本没有延迟。

然而，模拟图传也存在一些缺点，主要有如下几方面。

ⓐ 易受到同频干扰，两个发射端的频率若接近时，很有可能导致本机的视频信号被别人的图传信号插入，导致飞机丢失。

ⓑ 发射、接收和天线的产品质量良莠不齐，选择有一定的困难。

ⓒ 接线、安装、调试需要一定经验，对于新手而言学习成本增加。

ⓓ 飞行时安装连接天线、接收端电池、显示器支架等过程烦琐。

ⓔ 模拟图传发射端通常安装在机身外，影响一体机的美观。

ⓕ 若图传天线安装不当，可能在有的飞行姿态下会被机身遮挡，导致此时接收信号欠佳，并可能影响飞行安全。

ⓖ 视频带宽小，画质较差，通常分辨率为 640×480。

模拟图传适应人群主要包括有一定基础、对穿越飞行等项目熟悉的群体。

b. 数字图传。目前，主流的无人机套机通常都搭载了专用的数字图传，它的视频传输方式是通过 2.4G 或 5.8G 的数字信号进行。

数字图传的优点如下。

ⓐ 使用方便，通常只需在遥控器上安装手机/平板电脑作为显示器即可。

ⓑ 中高端产品的图像传输质量较高。

ⓒ 中高端产品的传输距离亦可达 2km 以上，可与普通模拟图传相媲美。

ⓓ 可实时回看拍摄的照片和视频。

ⓔ 集成在机身内，可靠性较高，一体化设计较为美观。

然而，数字图传也存在一些缺点，主要有如下几方面。

ⓐ 中高端产品的价格昂贵；低端产品的有效距离短和图像延迟问题非常严重，影响飞行体验和远距离飞行安全。

ⓑ 普通手机和平板电脑在没有配备遮光罩的情况下，在室外环境下飞行时，较低的屏幕亮度使得飞手难以看清画面。

ⓒ 限于厂商实力和研发成本，不同的数字图传对手机/平板作为显示器的兼容性没有充分验证，某些型号可能适配较差。

数字图传的适应人群主要是新手。中高端数字图传可满足高端要求的人。

（5）蜂鸣器

蜂鸣器是为了保证无人机在低电量时及时发出警报，通常在无人机飞控程序中会对警报的等级做设定：低电警报和超低电警报。一般来说是 25% 电量和 10% 电量。

(6) 安全开关

通常在无人机起飞前要长按安全开关，人工确认就绪状态，总共分为三个阶段：

① 在飞控程序启动过程中，安全开关为快速闪动；

② 当飞控程序启动完成后，安全开关为慢闪；

③ 当手动长按安全开关后，开关变为双闪（两次快速闪动）。

只有在按下安全开关之后，飞控程序才允许给电机解锁。安全开关的设计是防止在没有人工确认安全的情况下给电机解锁，但它并不是必要的。

3.4.2 飞控系统的组装步骤

(1) 减震座安装

① 先在上中心板找到中心位置。确定好安装位置后，在四个减震球位置贴一小块 $2cm \times 2cm$ 海绵双面胶，如图 3-47 所示。

② 再把减震板粘到上中心板上，按图 3-48 中的位置（椭圆内）用扎带把减震板扎稳。

③ 把小避震板装到减震球上，在小减震板上贴两块海绵双面胶（方框内），上面用于安装飞控，如图 3-49 所示。

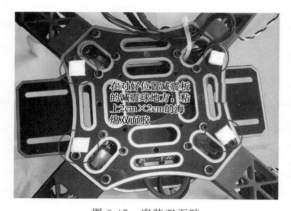

图 3-47　安装双面胶

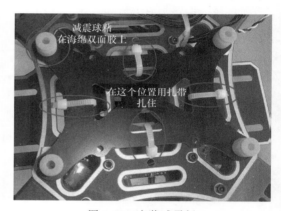

图 3-48　安装减震板

图 3-49　安装小减震板

(2) 飞控安装

① 在小减震板上贴两块海绵双面胶，把 APM 粘在上面，APM 尽量装在板的正中。安装 APM 的时候，APM 外壳上写着"FORWARD"的箭头对着黑色两个机臂，APM 外壳上写着 PM 的端口要与电源模块电源线同一个边，如图 3-50 所示。

② 装好后，把电源模块的电源线插到 APM 的 PM 端口上，如图 3-51 所示，注意任何电线不要跨过 APM 上方。

飞控安装注意事项主要有以下几方面。

• 确保飞控上的飞行方向箭头指向无人机机头方向。

• 在飞控的一侧安装接收机，另一侧安装 GPS 模块。接收机的 PPM 端连接到飞控的

RC IN 端，GPS 的引线接在飞控 GPS 端口和 CAN 端口，电源信号线接在飞控 POWER 端口。

- 飞控 SWITCH 端口和 BUZZER 端口分别外接安全开关和蜂鸣器。

图 3-50　安装飞控

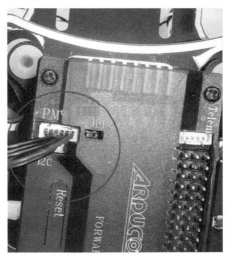

图 3-51　电源模块线缆安装

（3）蜂鸣器安装

蜂鸣器的安装如图 3-52 所示，它包括如下步骤。

① 将蜂鸣器使用 3M 胶固定在机臂上。

② 将蜂鸣器的线插到飞控的 BUZZER 插口上。

（4）安全开关安装

安全开关的安装如图 3-53 所示，它包括如下两个步骤。

① 将安全开关固定在机架上。

② 将安全开关的线插到飞控 SWITCH 插口上。

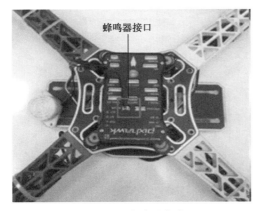

图 3-52　蜂鸣器安装

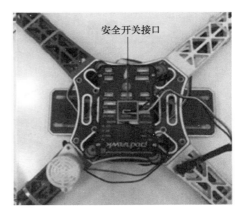

图 3-53　安全开关安装

（5）电调数据线安装

① 该无人机有 4 个电调，需要把电调的数据线接到 APM 飞控的 OUTPUT（输出）接口上，如图 3-54 所示。

图 3-54 电调线缆安装位置

② 电调接线顺序确定，4 个电调不是随便插上去的，是有严格的顺序的。应仔细的查看图 3-55 的电机序号，1 表示电调接 APM 的 OUTPUT 1 通道的接口，2 表示电调接 APM 的 OUTPUT 2 通道的接口，如此类推。1、2、3、4 是电机序号，也是接到 APM 飞控 OUTPUT 的通道号。CW 表示螺旋桨是反桨，电机顺时针旋转。CCW 表示螺旋桨是正桨，最下方方框内表示此为电机逆时针旋转。这是 X 型的机架，两个机臂向前。

③ OUTPUT 接口和电调数据线顺序确定，OUTPUT 的接线要与电调的接线一致，正确的是 OUTPUT 信号接电调信号，OUTPUT 正极接电调正极，OUTPUT 负极接电调负极。如图 3-56 所示。图中方框内从上往下依次是信号、正极、负极。

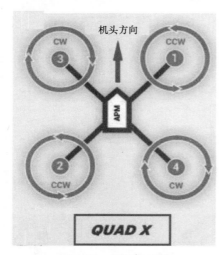

图 3-55 电调编号图

图 3-56 接线顺序

④ 将电调数据线插到 APM 的 OUTPUT 接口上，如图 3-57 所示。

图 3-57 电调线缆连接

3.5 多旋翼无人机遥控装置的组装

遥控装置由遥控器和接收机组成，是整个飞行系统的无线控制终端。遥控器，英文名为 Remote Control，意思是无线电控制，通过它可以对设备、电器等进行远距离控制。其主要分为工业用遥控器和遥控模型用遥控器两大类。

3.5.1 常见遥控装置介绍

遥控器种类繁多，遥控接收也有多种类型，目前遥控器的功能越来越强大，在市面上的遥控器比较常见的有乐迪、Futaba、睿思凯、天地飞和富斯等。

(1) 遥控器面板

常见的遥控器面板，如图 3-58 所示。

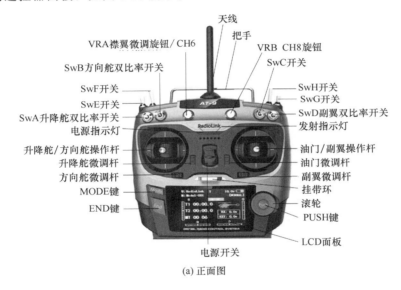

天线
VRA襟翼微调旋钮/CH6　　把手　　VRB CH8旋钮
SwB方向舵双比率开关　　　　SwC开关
SwF开关　　　　　　　　　　SwH开关
SwE开关　　　　　　　　　　SwG开关
SwA升降舵双比率开关　　　　SwD副翼双比率开关
电源指示灯　　　　　　　　　发射指示灯
升降舵/方向舵操作杆　　　　油门/副翼操作杆
升降舵微调杆　　　　　　　　油门微调杆
方向舵微调杆　　　　　　　　副翼微调杆
MODE键　　　　　　　　　　挂带环
END键　　　　　　　　　　　滚轮
　　　　　　　　　　　　　　PUSH键
　　　　　　　　　　　　　　LCD面板
电源开关

(a) 正面图

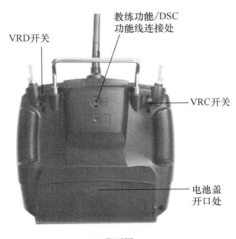

教练功能/DSC
功能线连接处
VRD开关
VRC开关
电池盖
开口处

(b) 背面图

图 3-58　遥控器面板

（2）遥控器的接收机

常见遥控器的接收机通道及定义如图 3-59 所示。

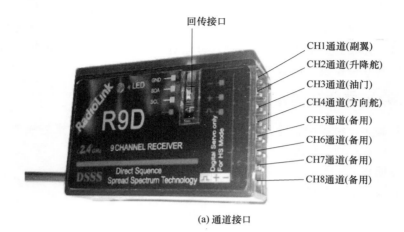

(a) 通道接口

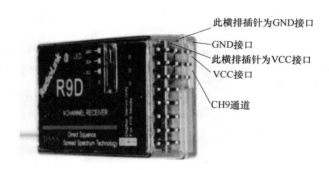

(b) 电源接口

图 3-59　接收机通道及定义

（3）遥控器的作用

遥控器发送飞控手的遥控指令到接收器上，接收机解码后传给飞控制板，进而多旋翼无人机根据指令做出各种飞行动作。遥控器可以进行一些飞行参数的设置，例如油门的正反、摇杆灵敏度大小、舵机的中立位置调整、通道的功能定义、飞机时间记录与提醒、拨杆功能设定。高级功能有航模回传的电池电压、电流数据等。

（4）指标参数

① 频率　常用的无线电频率是 72MHz 与 2.4GHz，目前采用的最多的是 2.4GHz 遥控器。2.4GHz 技术属于微波领域，具有频率高、同频概率小、功耗低、体积小、反应迅速、控制精度高等优点。2.4G 微波的直线性很好，意味着控制信号的避让障碍物性能较差。控制无人机过程中，发射天线应与接收天线呈有效的直线排列，尽量避免遥控模型与发射机之间有很大的障碍物（如房屋及仓库等）。

② 调制方式　PCM 是 Pulse Code Modulation 的缩写，中文的意思是脉冲编码调制，又

称脉码调制。PPM 是 Pulse Position Modulation 的缩写，中文意思是脉冲位置调制，又称脉位调制，前者指的是信号脉冲的编码方式，后者指的是高频电路的调制方式。

PCM 编码的优点不仅在于其很强的抗干扰性，而且可以很方便地利用计算 机编程，不增加或少增加成本，实现各种智能化设计。相比 PCM 编码，PPM 比例遥控设备实现相对简单，成本较低，但较容易受干扰。

③ 通道　一个通道对应一个独立的动作，一般有六通道、十通道等。多旋翼无人机在控制过程中需要控制的动作路数有油门、偏航、俯仰、滚转，所以至少得需要四个通道的遥控器。

④ 控制模式（美国手和日本手）　控制模式有两种操作模式，如图 3-60 所示。美国手和日本手就是遥控杆对应的控制通道的设置不同。美国手的左手操作杆是"油门＋偏航"，右手为"俯仰＋滚转"；日本手则是左手"俯仰＋偏航"，右手"油门＋滚转"。目前，国内多旋翼无人机操控以美国手遥控器为主。

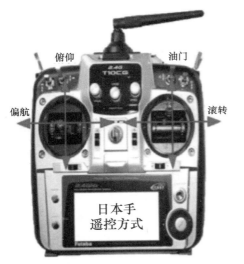

油门：控制上下运动，对应固定翼油门杆
俯仰：控制前后运动，对应固定翼升降舵

(a)

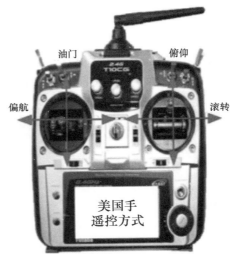

偏航：控制机头转向，对应固定翼方向舵
滚转：控制左右运动，对应固定翼副翼

(b)

图 3-60　遥控器控制图

⑤ 油门　油门杆不会自动回中，最低点为 0％油门，最高点为 100％油门。这种油门主要对应的是期望推力的大小，称直接式油门。此外，还有一种油门是松手油门自动回中，属于增量式油门。

⑥ 遥控距离　根据功率不同，遥控器控制的距离也有所不同。遥控器上也可以使用带有功率放大（Power Amplifier，PA）的模块，带有鞭状天线可以增大操控距离。

3.5.2　遥控装置的组装步骤

(1) 接收机的安装

① APM 上每个 INPUT 输入端的通道从上到下分别是信号针、正极针、负极针，如图 3-61 所示。RD9 的接收机的输出通道，从上到下分别是信号针、正极针、负极针，如图 3-62 所示。APM 的 INPUT 输入端的信号、正极、负极要与接收机输出通道的信号、正极、负极一一对应。

图 3-61　APM 的 INPUT 输入端

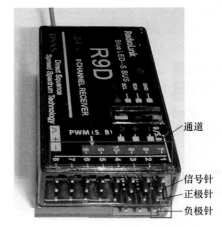

图 3-62　RD9 接收机的输出通道

② 用一条杜邦线插在 APM 的 INPUT 的 1 接口，另外一头插到接收机的输出通道的 1 接口，杜邦线有防插反头，方向不对是插不进去的。插上去后，再检查下 APM 端和接收机端的信号、正极、负极 3 根线是否一一对应，如图 3-63 所示。按同样的方法，把剩余的 7 个通道也插上线，如图 3-64 所示。

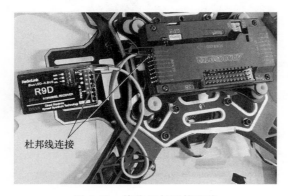

图 3-63　接收机与飞控连线

图 3-64　输入与输出线全部安装完毕

③ 在接收机底部放置一块海绵双面胶，如图 3-65 所示。把接收机安装在下中心板上，再用扎带扎稳，如图 3-66 所示。

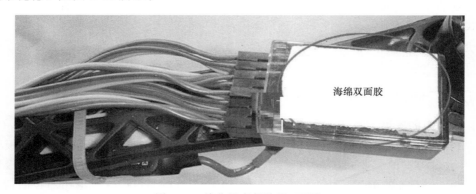

图 3-65　接收机底部放置双面胶

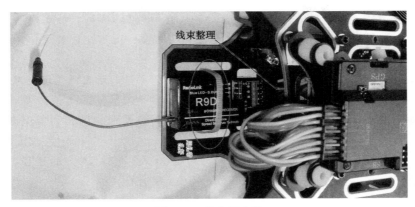

图 3-66　接收机安装

（2）接收机天线安装

接收机的天线端用扎带扎在脚架上，如图 3-67 所示。这种安装方式没让天线完全垂直地面，对天线性能有点影响。但不扎的话，特别容易损坏天线（特别是天线头）。

接收机天线的安装需要遵循以下原则。

① 一般情况下接收机的天线比较长，安装时不要折断或者将其缩进去，否则将减小可控制的范围，接收机的天线应尽可能地远离金属物，在飞行之前请执行飞行范围检测。

② 尽量保证天线笔直，否则将会减小控制范围。

③ 无人机上可能会存在影响信号发射的金属部件，在这种情况下，天线应处于无人机的两侧。这样在任何飞行姿态下都能保持最佳的信号状态。

④ 天线应该尽可能远离金属导体和碳纤维，至少要有 1.27cm 的距离，但不能过度弯曲。

⑤ 尽可能保持天线远离马达、电调和其他可能的干扰源。

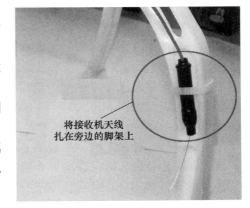

图 3-67　接收机天线安装

3.6 无线图传设备的组装

无人机图传系统，是采用适当的视频压缩技术、信号处理技术、信道编码技术及调制解调技术，将现场无人机所搭载的摄像机拍摄到的视频以无线方式实时传送到地面的一种无线电子传输设备。无人机图传系统，尤其是高质量的图传系统在行业无人机的应用中扮演着极为重要的角色，是不可或缺的。尤其在无人机应用方面，绝大多数场合都需要远离现场，实时、可靠地观察或获取现场图像及视频，无人机图传系统起到了至关重要的作用。如果飞控被称为无人机的"大脑"，那么图传系统就可以比作无人机的"眼睛"。

3.6.1　图传设备介绍

无线图像传输系统，简称无线图传，是用作无线图像传输和视频实时传输的设备。无人机图像传输系统就是将天空中处于飞行状态的无人机所拍摄的画面实时稳定地发射给地面无线图传遥控接收设备，优秀的无线图像传输系统应具备传输距离远、传输稳定、图像清晰流畅、抗干扰、抗遮挡、低延时等特性。图像传输的实时性、稳定性是关键。无线图传主要由图像采集端、发射端、接收端和显示端组成，如图 3-68 所示。

图 3-68　无线图传

(1) 无人机图传技术

在无人机图传过程中，即使是全高清级别的图传，就其传输制式、带宽、帧率实际码流速度、传输延迟、有效传输距离方面来说，也是有很大差别的。

熟悉相关的编码技术有助于更好地掌握无人机图传技术，编码技术主要有以下几方面。

① 软/硬件结构：OpenMAX IL＋Venus。

② 编码标准：H.264（APQ8074)/H.265（APQ8053）。

③ 码率控制：采用 CBR（Constant Bit Rate，固定码率），一般是 ABR（平均码率），即单位时间内的平均码率恒定，编码输出有缓冲可以起到平滑波动的作用。

④ 码率/帧率自适应：基于变化的 Wi-Fi 带宽和信道质量，可计算出合适的视频流码率和帧率，这有助于最大限度地减少延迟和图像损坏问题。

⑤ I 帧间隔调整：30fps 帧率下，30 帧或者 60 帧一个 I 帧，能在较低的码率下达到较高的图像质量。

⑥ I 帧重传：如果 I 帧丢失或者损坏，图像会有较长时间的卡顿；当接收端反馈此情况，发送端立即重传 I 帧，会减少卡顿。

⑦ I 帧携带 SPS/PPS 信息：若缺少 SPS/PPS 信息，接收端将不能正确解码，数据流中需要携带这些信息，防止断线重连后黑屏。

⑧ RTP 通用协议，此协议简单，易组入；jrtp 开源库，几乎无限制；针对 H.264/H.265 编码特点进行优化，有不同的组包策略；扩展可配置发包间隔，平衡码率波动，防止瞬时码率过大；使用 RTP 扩展头传递帧号，用于算法的数据同步；使用内存池，减少模块间内存拷贝，降低延迟。

⑨ RTSP 通用协议，此协议支持组播，使用 Live555 开源库；LGPLv2.1 许可，可以在商业软件中引用。

(2) 图传分类及产品

① 图传分类　根据信号处理方式不同，将其分为模拟图传和数字图传，具体工作方式如下。

a. 模拟图传　模拟图像传送是指对时间（包括空间）和幅度连续变化的模拟图像信号作信源和信道处理，通过模拟信道传输或通过模拟记录装置实现存储的过程。一般用扫描拾取图像信息和压缩频带等信源处理方法得到图像基带信号，再用预均衡、调制等信道处理方法形成图像通带信号，具体模型如图 3-69 所示。

b. 数字图传　数字图像传送是指数字化的图像信号经信源编码和信道编码，通过数字信道（电缆、微波、卫星和光纤等）传输，或通过数字存储、记录装置存储的过程。数字信

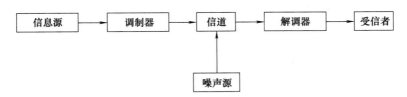

图 3-69　模拟通信系统模型

号在传输中的最大特点是可以多次再生恢复而不降低质量，还具有易于处理、调度灵活、质量高、可靠性高、维护方便等优于模拟传输的特点。数字通信系统模型如图 3-70 所示。

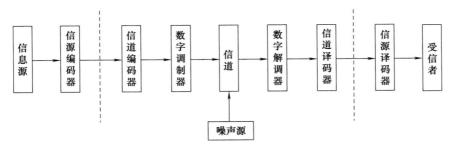

图 3-70　数字通信系统模型

② 模拟图传和数字图传对比

a. 硬件及电路

• 模拟图传：由于对硬件以及走线的敏感性，不同厂家即使用同一方案做出来的产品也会有较大差别，又由于天线工艺等原因，目前市面上模拟图传质量千差万别。

• 数字图传：将模拟信号数字化，提高了电路本身的容错能力，在稳定性和可靠性上有着得天独厚的优势，且数字图传对硬件电路本身的敏感性大大降低。

b. 传输信号

• 模拟图传：由于将噪声和有用信息叠加在一起，所以分辨时有较大的难度，在去除噪声的同时，有用信息也可能会被除掉；同样地，模拟图传不能简单地放大功率，以达到增大传输距离的目的。

• 数字图传：噪声不影响信息本身传递，可通过软件方式滤除绝大部分噪声，即可消除噪声积累，通过后期不同的校验技术保证信息传递的可靠性，此外数字信息也便于加密，信息保密性大大增强。

c. 易用性

• 模拟图传：记录的信息为信息本身，可能会受到精度等外界环境影响。

• 数字图传：图像信号本身为数字信号，易于记录，同时也利于连接各种数字接口，可利用现代计算技术对信号进行处理。

基于以上分析，数字图传在一定程度上优于模拟图传，但限于目前的技术，数字图传技术，仍然有瓶颈。例如数字图传处理技术对处理器资源要求较高，在信号受到严重干扰的情况下容易造成 MUC 卡死、丢帧等情况；在高分辨率的情况下帧数较低。同时，数字图传还面临着技术复杂程度较高、频带利用率低、对同步要求较高的问题，不过随着技术的发展这些问题会慢慢得以解决，总的来说数字图传技术是未来图像传输技术发展的大方向。

③ 无人机图传产品　按照设备类型来分，可分为模拟图传和数字图传，由于数字图传

所传输的视频质量和稳定性都要远远优于模拟图传系统，所以在工业级应用中通常都采用数字图传。数字图传根据其所传输视频的像素分辨率的不同又可细分为 D1（720×576）、高清720i/p（1280×720）和全高清 1080 i/p（1920×1080）等级别。

目前市面上全高清图传的制式和分辨率主要 1080i 和 1080p 两种，其常用帧率又可分为25fps、30fps、50fps 和 60fps 四种、带宽基本分为 4MHz、6MHz 和 8MHz 三种、实际码流速度则从 2Mbps 到 12Mbps 不等、端到端的传输延迟基本在 400～1200ms、1W 发射功率的有效传输距离从几百米到 20km 左右不等。需要说明的是 i/p 制式（隔行/逐行）、帧率、图像实际码流速度、图传传输延迟及有效传输距离等指标的不同，在观看回传视频或实际应用时，其图像画面细腻度、图像流畅度、图像大动态场景变化、图像色彩过渡柔和度及环境适应性等方面的用户体验差别是非常大的。

（3）图传构成

无人机与图传产品的连接，如图 3-71 所示。

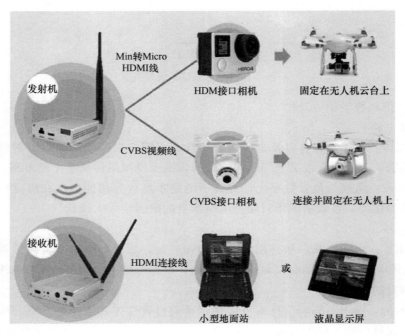

图 3-71　无人机与图传产品连接

① 图像采集端　图像采集端，是指在无人机端用来采集图像的设备，如摄像头、运动相机和单反相机等。

② 图像发射端　图像发射端，是指无线图像传输设备的发射设备，包括发射器和天线。通常安装在无人机飞行平台上，随无人机飞行，配合摄像头或相机使用。

在图像发射端选配方面主要考虑以下几方面。

a. 图传类型选择。图传分模拟图传和数字图传，模拟图传延迟少、画质清晰度一般，数字图传画面清晰度高、画面延迟较大。

b. 频道选择。5.8GHz 是国家开放的业余频段，目前在 5.8G 工作的设备很少，这个频段相对比较纯净，干扰较少。对于专业航空航天器来说，频谱划分时已留有专门的测控频段，而消费类无人机只能老老实实地屈就于 ITU-R（ITU Radio Communication Sector，国际通信联盟无线电通信局）的 ISM 频段（Industrial Scientific Medical，工业化科学医疗频段）。其他常用频道如下所述。13.56MHz、27.12MHz、40.68MHz、433MHz、915MHz、2.4GHz、5.8GHz 都是 1W 以内无需执照发射的；433MHz 及以下频段通常很难满足高清图传的带宽要求；915MHz 频段有一半已经被 GSM 占用；L 波带宽并不富裕；S 波段的 2.4GHz 是 1080P 获得远距离的首选，但 4K 或者更高清晰度的图传设计者却很难利用 S 波段；C 波段的 5.8G 则可以做得更宽，不过相同发射功率和接收灵敏度下 5.8G 与 2.4G 相比，通信距离仅为其 41.4%，并且其衰减对水气更敏感，实际通信距离则不到 2.4G 波段 30%。

c. 频率的选定。同频段的图传在使用过程中很容易受到干扰，甚至出现串频（显示了别人的画面），当目前频率有干扰时可以选择其他频率，通常发射机都有多种频率可供选择。常用的发射机有 32 个频道或 40 个频道甚至更多。常用的发射机频道对应表见表 3-7。

表 3-7　常用发射机频道

FR	CH							
	CH1	CH2	CH3	CH4	CH5	CH6	CH7	CH8
FR1（A）	5865MHz	5845MHz	5825MHz	5805MHz	5785MHz	5765MHz	5745MHz	5725MHz
FR2（A）	5733MHz	5752MHz	5771MHz	5790MHz	5809MHz	5828MHz	5847MHz	5866MHz
FR3（A）	5705MHz	5685MHz	5665MHz	5645MHz	5885MHz	5905MHz	5925MHz	5945MHz
FR4（A）	5740MHz	5760MHz	5780MHz	5880MHz	5820MHz	5840MHz	5860MHz	5880MHz

d. 功率大小。发射端功率从由几十毫瓦到几百毫瓦，功率大的能达到瓦级别，有些发射机为满足更多要求，采用功率可调的形式。通常功率越大，传输距离越远，信号越稳定，但同时发热也更大，耗电量也更大。小功率的发射机发热少，使用导热金属片散热，甚至无散热；大功率发射机使用导热金属加散热风扇散热。

③ 图像接收端　图像接收端，是指无线图像传输设备在地面的接收器，包括接收机和天线两部分，通常直接和显示器连接。

图像接收端在选用时主要遵循以下原则。

a. 接收端和发射端如果不是成套购买的需要根据发射要求类型购买，如模拟发射机应配模拟接收机。

b. 接收机通常都带有多个频率可以搜索，常用的接收机有 8 个频道，传输信号类型一样的情况下只要频率一样就可以接收到图像信号，见表 3-8。

c. 有些显示屏带接收机的，可以直接使用。

表 3-8　接收机常用的 8 个频道

频道序号		CH1	CH2	CH3	CH4	CH5	CH6	CH7	CH8
接收频率/MHz		5705	5685	5665	5645	5885	5905	5925	5945
引脚电平	CH1	0	1	0	1	0	1	0	1
	CH2	0	0	1	1	0	0	1	1
	CH3	0	0	0	0	1	1	1	1

④ 图像显示端　图像显示端，是指在地面的显示器，和接收机配套使用，通常包括三角架、显示屏和电池等。根据传输信号类型如模拟信号和和数字信号选择显示屏类型。

3.6.2　图传设备的组装

图传设备的组装一般分硬件组装和线路连接两大部分。

(1) 硬件组装

① 摄像头的安装，穿越机一般安装在前方或上方，注意做好保护措施，保护摄像头。

② 图传发射机安装，通常用双面海绵胶粘在机架内部，并将天线引出至外部。

(2) 线路连接

根据无人机安装布局将电线裁减好长度并制作好接头（如摄像头和图传发射机电压一致，可并用电源），虽然使用的图传和摄像头品牌多种多样，但接线原理基本一致，根据对应电路图将线路接好即可。如图 3-72 所示。

(3) 图传工作

图传工作示意图如图 3-73 所示。图传工作步骤大致为：①摄像头拍摄到图像；②摄像头把图像交给飞控；③飞控将 OSD 信息叠加到图像上；④飞控将处理后的图像交给图传发射机；⑤图传发射机将图像发射出去；⑥地面图传接收天线收到来自发射机的图像信号；⑦天线将图像信号交给图传接收机；⑧接收机将信号转为图像交给屏幕；⑨飞手在屏幕中进行观测。

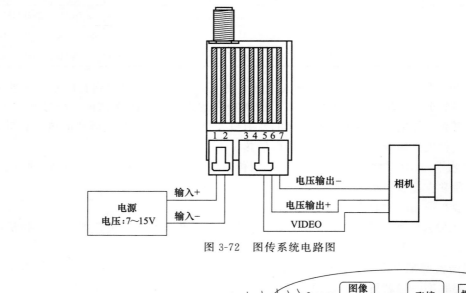

图 3-72　图传系统电路图

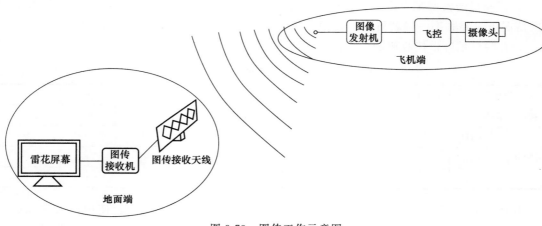

图 3-73　图传工作示意图

（4）注意事项

a. 确认图传电压和摄像头电压，如果在同样的范围，则可以共用电源，如果图传电压是 12V，而摄像头电压是 5V，此时要注意单独给摄像头供 5V 电源，可考虑从分电板接电。

b. 要注意发射机的安装最佳位置，避免产生干扰，多旋翼无人机要注意尽量让图传、GPS、遥控接收机这三种分开装，图传天线尽量靠机身尾部。

c. 如果图传发射机是双天线的，尽量让两天线垂直，扩大发射范围。

d. 穿越机上的图传要注意保护好，尽量安装在机身内部，避免炸坏。

e. 图传的线为插头连接时，要注意是否有松动，如有，要采取紧固措施，如打热熔胶等。

3.7 云台设备的组装

3.7.1 云台设备介绍

云台，又称增稳云台，是指安装、固定摄像机的支撑设备。在绝大多数情况下，对于航拍来说，我们需要从高空拍摄出非常稳定流畅的素材，相机云台系统必不可少。目前，从云台系统的使用来看，主要分为机载云台系统和手持云台系统。

通常云台会装有一套水平仪，当飞机出现姿态变化时，云台会自动调整转轴的角度从而使相机仍然处于水平。云台上通常也会装有 pitch（俯仰）、roll（翻滚）、yaw（航向）三个维度的控制接口，可以使用接收机或飞控接口来对其做控制，使云台相机处于理想状态。航拍相机通常分为两种，一种是有独立的数据传输模块（图传）和拍照控制功能，也就是说从控制上讲相机可以与无人机完全分离；另一种是相机需要接入飞控板，并通过飞控程序来控制相机的拍摄与实时图传。

（1）云台的作用

① 防止拍摄画面抖动，航拍云台通过传感器感知机身的动作，通过电机驱动让相机保持原来的位置，以抵消机身晃动或震动的影响。

② 可遥控控制云台转动角度改变拍摄角度。通过配制好的遥控器通道控制两轴或三轴云台平缓的移动以达到所需的角度。

云台的主要性能指标有增稳精度、兼容性（一款云台能适配几款相机和镜头）和转动范围（分为俯仰、横滚和偏航三个轴）。

（2）云台分类

① 按驱动方式分　按驱动方式分为固定云台和电动云台。固定云台是将相机与飞行器固定在一起，运用提前调整好的角度来拍摄，或调整无无人机的角度来调整航拍时的视角。电动云台主要是指其驱动方向是电动驱动的，是相对固定运动而言的。

② 按驱动轴数分　按驱动轴数分为两轴云台和三轴云台。两轴云台，如图 3-74（a）所示，是指在横滚方向、俯仰方向两个方向控制的云台，也就是两个自由度。三轴云台，如图 3-74（b）所示，是指除横滚方向、俯仰方向外偏航方向也能得到控制，总共有三个自由度，这样控制的转向角度更大。

（3）云台组成

云台一般由云台挂载部分、控制部分和执行部分三个部分组成，如图 3-75 所示。

① 挂载部分，是指云台和无人机的连接板，通常用碳纤维板或玻纤板通过减震球连接。

② 控制部分，是指通过陀螺仪等传感器检测姿态后控制云台进行姿态补偿的控制板，一般分为两轴控制版和三轴控制版。

③ 执行部分，是指控制板控制的直流无刷电机、伺服舵机或步进电机，两轴云台两个电机或舵机，三轴云台三个电机或舵机。

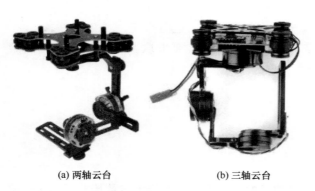

　(a) 两轴云台　　　　　　　　(b) 三轴云台

图 3-74　云台

图 3-75　云台组成
1—挂载部分；2—控制部分；3—执行部分

3.7.2　云台设备的组装

云台结构比较简单，通常都是成套购买，安装主要是云台和无人机之间的安装。通常的安装方法有螺纹连接和挂载板连接等。

(1) 云台安装

云台的具体安装步骤如下。

① 云台与无人机的安装。

② 云台线路的连接，根据电路图依次连接云台电源线、信号线和控制线。

③ 遥控器通道的配制。

④ 运动相机的安装。

⑤ 通电试机。

(2) 云台安装实例

下面以大疆无人机云台安装为例，介绍其具体安装步骤。

① 首先将两个云台防脱落扣安装在图 3-76 中所示的对角线上，然后用 4 颗 M3.0×5 螺钉将其安装至无人机的机身底部。

② 将减震装置上板上的减震球套进减震装置下板的四个孔中，确保所有的减震球安装牢固，如图 3-77 所示。

③ 如图 3-78 所示，将云台防脱落件盘推入云台防脱落扣中的合适位置，并确保云台防脱落件之间扣死。

④ 将无人机的数据端口与云台端口连接。可以安装于机身外，也可以安装于机身内部的预留位上，如图 3-79 所示。

云台控制器可以水平或者竖直地安装于飞行器上，以某无人机为例，按照以下步骤完成云台控制器与飞控的连接。

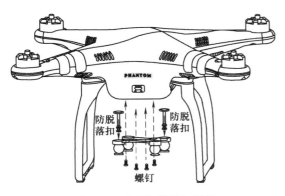

图 3-76　云台防脱落扣安装

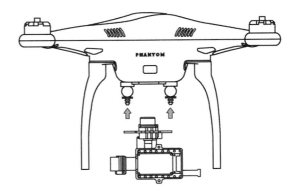

图 3-77　减震装置安装

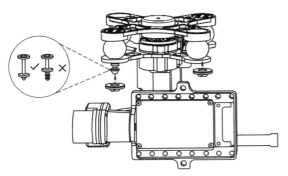

图 3-78　防脱落连接

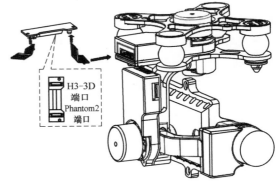

图 3-79　无人机数据端口与云台端口连接

① 保持原有飞控系统的安装连接不变，升级主控器至最新固件，固件对应表见表 3-9。

表 3-9　固件对应表

飞控	A2	WKM	NAZA-M V2	NAZA-M
调参软件	V1.20(或以上)	V2.04(或以上)	V2.20(或以上)	V2.12(或以上)
固件版本	V2.10(或以上)	V5.26(或以上)	V4.02(或以上)	V3.12(或以上)

② 连接飞控系统，对应连接关系见表 3-10。

表 3-10　飞控对应连接关系

部件连接	A2	WKM	NAZA-M V2	NAZA-M
主控器与 PMU 连接	主控的 X1 与 PMU 的 X1 相连	主控的 X1 与 PMU 的 X1 相连	主控器的 X3 与 PMU V2 的 X3 相连	
PMU 电源线连接	电源线连接至转接线以便使用(具体连线请参考 GCU 与飞控系统连线示意图)，如果使用 DJI 多旋翼可直接焊接至飞行器底板的焊盘上			
飞控的 GPS 连接	A2 的任意 CNA 1 口	连接到 PMU 的任意 CAN 口	连接到 PMU V2 的 GPS 口	

(3) 安装注意事项

在无人机系统组装中，云台安装是重要的组装内容。云台安装的注意事项如下。

① 看清云台电源电压正负极，切勿接错。

② 传感器通常在相机座底部，注意传感器信号线不要缠绕，保护好线路。

③ 通电前务必装好相机，在带有负载的情况下通电。

④ 调整相机安装位置，要尽量使相机在自然状态下保持平衡。

总之，无人机通过实现不同的任务载荷的应用，能够创造各种商业价值。由于无人机的广泛应用，利用云台进行任务载荷的研究也是层出不穷。无人机云台任务载荷的主要研究是如何将任务载荷通过云台将它们更好地搭载到无人机上，并使其小型化、轻型化和模块化。

本章小结

本章主要讲述了多旋翼无人机系统组装的相关内容。从多旋翼无人机系统的组成出发，介绍了多旋翼无人机常用术语，并重点阐述了无人机系统的组装过程，其中包括无人机机架系统的选型及组装步骤、无人机动力系统的选型及组装、无人机飞控系统的介绍和组装、遥控装置的介绍和组装、图传设备的组装和云台设备的组装。

课后习题

一、填空题

1. 多旋翼无人机系统一般由_____、_____、_____、_____和任务载荷等组成。

2. 电动系统一般由电池、_____、电调和_____组成。

3. _____是控制无人机飞行姿态和运动的设备，由传感器、机载计算机和执行机构三大部分组成。

4. 遥控装置一般指地面上可以对无人机_____指令以及_____无人机传回信息的设备，它的硬件可以是一个遥控器，也可以是一部手机，或一台笔记本电脑。

5. F450 是轴距在_____mm 的多轴无人机的简称。

6. 常见的机架布局有_____型、I 型、_____型、Y 型和 IY 型等。

7. 1045 桨的直径为_____英寸，而螺距为_____英寸。

8. 根据材质的不同，桨叶可以分成注塑类、_____和_____。

9. 在微型无人机当中使用的动力电机可以分为两类：_____电动机和_____电动机。

10. 2212 电机表示电机定子直径是_____mm，定子高度为_____mm。

11. _____是控制电动机转速的调速器，必须与电动机相匹配。

12. 控制频率越_____，其周期越短，控制间隔也就越短，电调和电机响应速度也就越快。反之，控制频率越_____，其周期越长，控制间隔就越长，电调和电机的响应速度就越慢。

13. 额定容量为 100Ah 的电池用 30A 放电时，其放电倍率为_____C。

14. 在多旋翼无人机的动力系统组装中，电调与电机的连接具体包括_____连接和_____连接两种方式。

15. 飞行控制系统一般主要由_____、_____、GPS 指南针模块、LED 指示灯模块等部件组成。

16．无人机地面控制站软件的功能包括_____、航线规划、_____、地图导航等，并且支持多架无人机的控制与管理。

17．无人机的图传系统是把无人机携带的相机载荷所捕获的取景画面、飞行数据等等信息传到操作者的屏幕上。图传主要有_____图传和_____图传两种。

18．遥控装置由遥控器和_____组成，是整个飞行系统的无线控制终端。

19．_____是左手为操作杆"油门＋偏航"，右手为"俯仰＋滚转"。_____则是左手"俯仰＋偏航"，右手"油门＋滚转"。

二、简答题

1．简述多旋翼无人机的组装步骤。

2．简述电动无人机的优缺点。

3．简述油动无人机的优缺点。

4．简述有刷电机和无刷电机的优缺点。

5．无人机用电调具有哪些作用？

6．简述无人机电池选用原则。

7．简述旋翼的安装方式。

8．无人机接收机天线和发射机天线的安装原则有哪些？

9．简述无人机图传设备安装的注意事项。

10．简述无人机搭载加装云台设备的作用。

4.1 固定翼无人机概述

4.1.1 固定翼无人机基本结构

固定翼无人机是指由动力装置产生前进的推力或者拉力，由机体上固定的机翼产生升力，在大气层内飞行的重于空气的航空器。固定翼无人机的基本结构，主要由机身、机翼、尾翼、起落装置和动力装置五个主要部分组成，如图 4-1 所示。

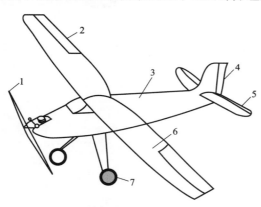

图 4-1 固定翼无人机基本结构
1—螺旋桨；2—副翼；3—机身；4—垂直尾翼；
5—水平尾翼；6—机翼；7—起落架

① 机身 机身的主要功能是装载设备、燃料和武器等，同时作为固定翼无人机安装的基础，将机翼、尾翼、起落装置等连成一个整体。

② 机翼 机翼的主要功能是产生升力，以支持飞机在空中飞行，同时也起到一定的稳定和操作作用。在机翼上一般安装有副翼和襟翼，操纵副翼可使飞机滚转，放下襟翼可使升力增大。不同用途的飞机其机翼形状、大小也各有不同。机翼制作的好坏直接影响到飞机的飞行质量。机翼上还可安装发动机、起落架和油箱等，军机机翼下面可挂载油箱和武器等附加设备。

③ 尾翼 尾翼是用来配平、稳定和操纵固定翼飞行器飞行的部件，通常包括水平尾翼（平尾）和垂直尾翼（垂尾）两部分。水平尾翼水平安装在机身尾部，由固定的水平安定面和可动的升降舵组成，有的高速飞机将水平安定面和升降舵合为一体成为全动平尾；垂直尾翼垂直安装在机身尾部，由固定的垂直安定面和可转动的方向舵组成。方向舵用于控制飞机的横向运动，升降舵用于控制飞机的纵向运动。尾翼的作用是操纵飞机俯仰、偏转，保证飞机的平稳飞行。

④ 起落装置 起落架一般由支柱、缓冲器、刹车装置、机轮和收放机构组成，作用是起飞、着陆滑跑，地面滑行和停放时支撑飞机。陆上飞机的起落装置一般由减震支柱和机轮组成，此外还有专供水上飞机起降的带有浮筒装置的起落架和雪地起降作用的滑橇式起落架。

⑤ 动力装置　动力装置的主要功能是产生拉力（螺旋桨式）或推力（喷气式），使无人机产生相对空气的运动。通常由螺旋桨、电子调速器、发动机、电源等组成。

4.1.2　固定翼无人机术语

固定翼无人机的常用术语如下。

① 翼展　左右机翼（尾翼）翼尖之间的直线距离（穿过机身部分也计算在内）。

② 机身全长　无人机最前端到最末端的直线距离。

③ 重心　无人机各部分重力的合力作用点称为重心。

④ 尾心臂　由重心到水平尾翼前缘四分之一弦长处的距离。

⑤ 翼型　机翼或尾翼的横剖面形状。

⑥ 前缘　翼型的最前端。

⑦ 后缘　翼型的最后端。

⑧ 翼弦　前后缘之间的连线（前后弦的距离称为弦长，如果机翼平面形状不是长方形，一般在参数计算时采用制造商指定位置的弦长或平均弦长）。

⑨ 展弦比　翼展与平均翼弦长度的比值，展弦比大说明机翼狭长。

⑩ 迎角　机翼的前进方向（相当于气流的方向）和翼弦（与机身轴线不同）的夹角叫迎角，也称为攻角，它是确定机翼在气流中姿态的基准。

⑪ 翼载荷　指整机载荷（质量）跟翼面面积的比值。

⑫ 推重比　指飞机动力系统产生的推力跟整机重量的比值。

4.1.3　固定翼无人机气动特点

(1) 机翼翼型

固定翼无人机常见翼型有全对称翼、半对称翼、克拉克 Y 翼、S 型翼和内凹翼等，如图 4-2 所示。

① 全对称翼是机翼上下弧线均凸且对称的。

② 半对称翼是机翼上下弧线均凸但不对称的。

③ 克拉克 Y 翼是机翼下弧线为一直线，其实应叫平凸翼，有很多其他平凸翼型，只是克拉克 Y 翼最有名，故把这类翼型都叫克拉克 Y 翼。

④ S 型翼是机翼中弧线是一个平躺的"S"，这类翼型因攻角改变时，压力中心角不变动，常用于无尾翼机。

⑤ 内凹翼是机翼下弧线在翼弦线上，升力系数大，常见于早期飞机及牵引滑翔机，所有的鸟类除蜂鸟外都是这种翼型。

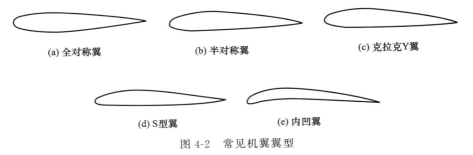

(a) 全对称翼　　(b) 半对称翼　　(c) 克拉克Y翼

(d) S型翼　　(e) 内凹翼

图 4-2　常见机翼翼型

机翼的基本平面形状有矩形翼、椭圆翼、梯形翼、后掠翼、三角翼等，各种不同平面形状的机翼，其升力、阻力之所以有差异，与机翼平面形状的各种参数有关。机翼平面形状的几何参数主要有机翼面积、翼展、展弦比和后掠角等。如图 4-3 所示。

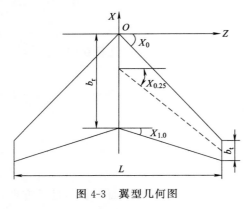

图 4-3　翼型几何图

① 机翼面积　指机翼在机翼基本平面上投影面积，用 S 表示。

② 翼展　在机翼之外刚好与机翼轮廓线接触，且平行于机翼对称面（通常是无人机参考面）的两个平面之间的距离称为机翼的展长，用 L 表示。

③ 展弦比　机翼翼展的平方与机翼面积之比，或者机翼翼展与机翼平均几何弦长（机翼面积 S 除以翼展 L）之比，L^2/S。

④ 后掠角　描述翼面特征线与参考轴线相对位置的夹角。用 X 表示，通常 X_0 表示前缘后掠角，$X_{0.25}$ 表示 1/4 弦线后掠角，$X_{1.0}$ 表示后缘后掠角。后掠角表示机翼各剖面在纵向的相对位置，也即表示机翼向后倾斜的程度，后掠角为负表示翼面有前掠角。

(2) 升力和阻力

① 升力　机翼在穿越空气时，会产生一股向上作用的力量，这就是升力。机翼的前进运动，会让上下翼面所承受的压力产生轻微的差异，这个上下差异就是升力的来源。由于升力的存在，飞机才能够维持在空中飞行。

在了解无人机升力和阻力的产生之前，我们先要认识空气流动的特性，即空气流动的基本规律。流动的空气就是气流，是一种流体，这里我们要引入两个流体定理：流体的连续性定理和流体的伯努利定理。

流体的连续性定理：当流体连续不断而稳定地流过一个粗细不等的管子时，由于管中任何一部分的流体都不能中断或挤压起来，因此在同一时间内，流进任意切面的流体质量和从另一切面流出的流体质量应该相等。在同一流管内流体的流速和流经的截面积成反比，即截面积大的地方流速小，截面积小的地方流速大。连续性定理阐述了流体在流动中流速和管道切面之间的关系。流体在流动中，不仅流速和管道切面存在相互联系，而且流速和压力之间也存在相互联系。

伯努利定理阐述了流体流动中流速和压力之间的关系，其适用于包括气体在内的一切流体，是流体作稳定流动时的基本特性之一，反映了流体的压强与流速之间的关系：流体的流速越大的部位，压强越小；流体的流速越小的部位，压强越大。

飞机的升力绝大部分由机翼产生，尾翼通常产生负升力，飞机其他部分产生的升力很小，一般不考虑，升力形成图如图 4-4 所示。由图 4-4 可以看出，空气流到机翼前缘，分成上、下两股气流，分别沿机翼上、下表

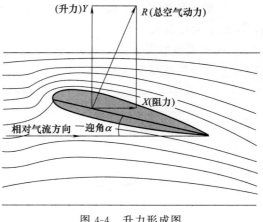

图 4-4　升力形成图

面流过，在机翼后缘重新汇合向后流去。机翼上表面比较凸出，流管较细，说明流速加快，压力降低。而机翼下表面，气流受阻挡作用，流管变粗，流速减慢，压力增大。根据流体的连续性定理和伯努利定理可知，机翼上、下表面出现了压力差，垂直于相对气流方向的压力差的总和就是机翼的升力。这样重于空气的飞机借助机翼上获得的升力克服自身因地球引力形成的重力，就可以在空中翱翔。

机翼升力的产生主要靠上表面吸力的作用，而不是靠下表面正压力的作用，一般机翼上表面形成的吸力占总升力的 $60\%\sim80\%$ 左右，下表面的正压形成的升力只占总升力的 $20\%\sim40\%$ 左右。

② 阻力　无人机在空气中飞行会遇到各种阻力，阻力是与飞机运动方向相反的空气动力，是阻碍飞机前进的，按阻力产生的原因可分为摩擦阻力、压差阻力、诱导阻力和干扰阻力。

a. 摩擦阻力，是由于大气的黏性而产生的。当气流以一定速度 v 流过无人机表面时，由于空气的黏性作用，空气微团与无人机表面发生摩擦，阻滞了气流的流动，从而产生了摩擦阻力。

摩擦阻力的大小，取决于空气的黏性、无人机表面的状况，附面层中气流的流动情况和同气流接触的无人机表面积的大小。空气黏性越大，飞机表面越粗糙，飞机表面积越大，摩擦阻力就越大。

减少摩擦阻力可以减少无人机与空气的接触面积，可以把表面做光滑些，以减少摩擦阻力；也可选择升阻比大的翼型，以及减小气流相对速度。

b. 压差阻力，是由运动着的物体前后所形成的压强差产生的。飞机的机身、尾翼等部件都会产生压差阻力。

c. 诱导阻力，是伴随着升力而产生的，如果没有升力，诱导阻力为零。

d. 干扰阻力，是无人机各部分之间因气流相互干扰而产生的一种额外阻力。干扰阻力主要产生在机身和机翼、机身和尾翼、机翼和发动机短舱、机翼和副油箱之间。

③ 影响升力和阻力的因素　升力和阻力是无人机在空气之间的相对运动（相对气流）中产生的。影响升力和阻力的基本因素有机翼在气流中的相对位置（迎角）、气流的速度和空气密度以及飞机本身的特点。

a. 迎角与升力/阻力的关系，相对气流方向与翼弦所夹的角度叫迎角。在飞行速度等其他条件相同的情况下，得到最大升力的迎角，叫作临界迎角。在小于临界迎角范围内增大迎角，升力增大；超过临界迎角后，再增大迎角，升力反而减小。迎角增大，阻力也增大，迎角越大，阻力增加越多；超过临界迎角，阻力急剧增大。

b. 飞行速度和空气密度与升力/阻力的关系，飞行速度越大，其升力、阻力越大。升力、阻力与飞行速度的平方成正比例，即速度增大到原来的 2 倍，升力和阻力增大到原来的 4 倍。空气密度大、动力大，升力和阻力自然也大。升力和阻力与空气密度成正比例。

c. 机翼面积、形状和表面质量与升力/阻力的关系，升力和阻力都与机翼面积的大小成正比例，机翼面积大，升力大，阻力也大。机翼形状对升力、阻力有很大影响，机翼切面形状的相对厚度、最大厚度位置、机翼平面形状、襟翼和前缘翼缝的位置到机翼结冰都对升力、阻力影响较大，飞机表面是否光滑也对摩擦阻力有影响。飞机表面相对光滑，阻力相对也会小，反之则大。

4.1.4 固定翼无人机控制原理

固定翼飞机通常包括方向、副翼、升降、油门、襟翼等控制舵面，通过舵机改变飞机的翼面，产生相应的扭矩，控制飞机转弯、爬升、俯冲、横滚等动作。一般来说，在姿态平稳时，控制方向舵会改变飞机的航向，通常会造成一定角度的横滚，在稳定性好的飞机上，看起来就像汽车在地面转弯一般，可称其为侧滑。方向舵是最常用作自动控制转弯的手段，方向舵转弯的缺点是转弯半径相对较大，较副翼转弯的机动性略差；副翼的作用是进行飞机的横滚控制，固定翼飞机当产生横滚时，会向横滚方向进行转弯，同时会下降一定的高度；升降舵的作用是进行飞机的俯仰控制，拉杆抬头，推杆低头，拉杆时飞机抬头爬升，动能朝势能的转换会使速度降低，因此在控制时要监视空速，避免因为过分拉杆而导致失速；油门舵的作用是控制飞机发动机的转速，加大油门量会使飞机增加动力，加速或爬升，反之则减速或降低。

固定翼飞机都有一个最低时速，被称作失速速度，当低于这个速度的时候飞机将由于无法获得足够的升力而导致舵效失效，飞机失控。通过飞机的空速传感器可以实时获知飞机的当前空速，当空速降低时必须通过增加油门或推杆使飞机降低高度而换取空速的增加，当空速过高时减小油门或拉杆使飞机获得高度而换取空速的降低，固定翼无人机有两种不同的控制模式。

第一种控制方式是根据设定好的目标空速。当实际空速高于目标空速时，控制升降舵拉杆，反之推杆；由于空速的高低影响了高度的高低，于是采用油门来控制飞机的高度，当飞行高度高于目标高度时，减小油门，反之增加油门。由此分析可知，当无人机飞行时，如果低于目标高度，飞控控制油门增加，导致空速增加，导致飞控控制拉杆，使无人机上升；当飞机高度高于目标高度，飞控控制油门减小，导致空速减小，于是飞控再控制推杆，使高度降低。这种控制方式始终以空速为第一因素来对无人机进行控制，保证飞行安全，特别是当发动机熄火等异常情况发生时，使无人机能继续保持安全，直到高度降低到地面。由于对高度的控制是间接控制，因此高度控制可能会有一定的滞后或者波动。

第二种控制方式是设定好无人机平飞时的迎角，当飞行高度高于或低于目标高度时，在平飞迎角的基础上根据高度与目标高度的差设定一个经过 PID 控制器输出的限制幅度的爬升角，由无人机当前的俯仰角和爬升角的偏差来控制升降舵面，使无人机迅速达到爬升角，尽快消除高度偏差。由于无人机的高度升高或降低后，会造成空速的变化，可采用油门控制飞机的空速，即当空速低于目标空速后，在当前油门的基础上增加油门，当前空速高于目标空速后，在当前油门的基础上减小油门。这种控制方式能对高度的变化进行第一时间的反应，能够较好控制高度，但是一旦发生发动机熄火，由于高度降低飞控将使飞机保持经过限幅的最大仰角，会因缺乏动力而导致失速。

4.1.5 固定翼无人机组装步骤

一般固定翼无人机的组装步骤及顺序如下。

① 组装机体平台　通常包括机身、机翼、尾翼、起落架等。

② 组装动力系统　通常包括电源、螺旋桨、电机、电调等，用以提供飞机飞行所需的动力。

③ 组装飞控系统　通常包括飞行控制器、GPS、空速计等各种传感器。

④ 组装电气系统　通常包括机载电源、电源管理模块等，为整机提供电源。

⑤ 组装机载设备　通常包括图传系统、云台系统、光电平台、SAR 雷达、激光测距仪等，用于完成各种任务。

一般固定翼无人机产品组装步骤由其生产单位确定，在不影响飞行性能的前提下，部分组装顺序可适当调整，并且不同的固定翼无人机产品，其组装步骤可能会要求两个或两个以上的系统并行组装。对于大型固定翼无人机，一般应参考有人机的装配要求进行组装。

4.2　固定翼无人机机体平台的组装

4.2.1　大型固定翼无人机的组装连接

固定翼无人机平台的组装过程主要包含机翼与机身的连接、尾翼与机身的连接、起落架与机身的连接等。机体各部件由多种材料组成，通过铆钉、螺栓、螺钉、焊接或胶接等方式连接起来。各部分之间的对接原则、对接接头的位置和数量取决于机翼的结构受力形式和机翼尺寸。

(1) 机翼与机身的连接

机翼通常是由翼梁、桁条、翼肋和蒙皮等构件组成。翼梁由缘条和腹板铆接而成，翼肋铆结在翼梁腹板上，桁条铆接在翼肋上，蒙皮则铆接在翼梁缘条、翼肋和桁条等构件上，如图 4-5 所示。机翼表面要保持光滑，零部件采用流线型，前后缘打磨为圆形，翼面平整不要扭曲。

机翼结构中，各种构件的基本作用有两方面：一是形成和保持必需的机翼外形；二是承受外部载荷引起的剪力、弯矩和扭矩。形成机翼外形的基本构件是翼肋和蒙皮。翼肋的形状就是根据选定的翼型制成的；蒙皮包在整个机翼骨架外面，可以保证机翼外表光滑和形成必要的翼型。为了使蒙皮在局部空气动力作用下，不致产生过大的鼓胀和下陷，现代飞机都采用了金属蒙皮。此外，桁条对保持机翼的外形也有一定作用，能支持蒙皮，防止蒙皮产生过大的变形。

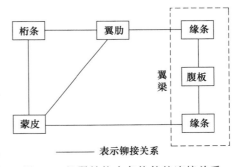

图 4-5　机翼结构中各构件的连接关系

机翼结构中承受剪力、弯矩和扭矩的基本构件是翼梁、桁条和蒙皮，如图 4-6 所示。

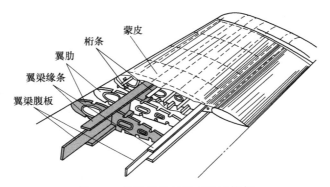

图 4-6　机翼结构的基本组成构件

机翼与机身的连接结构形式与机翼相对机身的位置、机翼受力结构是否穿过机身以及机翼的结构形式有关。单翼机在机身上的配置，可分为上单翼、中单翼和下单翼三种。从机翼与机身的干扰阻力来看，以中单翼为最小，上单翼次之，下单翼最大。从机身内部容积的利用来看，上单翼为最优跃。上单翼飞机机翼通过机身的部分骨架，位于机身上部，不影响机身内部容积的利用；中单翼的翼梁要横穿机身中部，对机身内容积的利用有一定影响；下单翼飞机机身内的可用容积较大，但固定在机身下部的翼梁，会限制安装在机翼下部部件的尺寸，如图 4-7 所示。

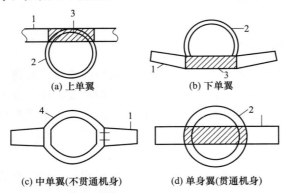

(a) 上单翼   (b) 下单翼

(c) 中单翼(不贯通机身)   (d) 单身翼(贯通机身)

图 4-7 机翼配置形式

1—机翼；2—机身加强框；
3—穿过机身部分；4—锻造框

机翼不贯穿机身的连接：对于中翼不贯穿机身的配置情况，机翼与机身的加强框相连一般采用集中接头对接。集中连接接头有螺桩式连接接头、垂直耳片铰接接头和齿垫式接头。

机翼贯穿机身的连接：机翼贯穿机身主要指中央翼贯穿机身的结构形式，机翼的对称弯矩传入中央翼后在中央翼平衡，机翼上的反对称弯矩、扭矩和剪力则通过接头传给机身。

中央翼，全称中央翼盒，指机翼的中段，主翼就连接在此段上。中央翼与机身的连接形式有翼梁和加强框直接连接形式、翼梁和加强框过渡连接形式和嵌入式连接形式等几种。翼梁和加强框直接连接形式有缘条直接连接、角盒连接、整体连接三种形式。翼梁和加强框过渡连接有通过中、外翼汇交处的双叉耳接头和加强框连接，翼梁与加强框通过过渡接头连为一体，翼梁下缘条与加强框连接等。

在大型无人机上，中翼和机身结为一个整体，并连接发动机短舱及起落架。中央翼盒是连接左、右机翼成为完整机翼的盒形结构件，位于机身内，主要实现以下功能。

① 作为左、右机翼的连接盒段，承受左、右机翼传来的升力、弯矩、扭矩等载荷；

② 作为机翼与机身的连接盒段，与机身载荷相平衡；

③ 作为油箱使用。

(2) 尾翼与机身的连接

多数飞机的尾翼设计包括尾锥、安定面和操纵面。安定面包括水平安定面和垂直安定面。操纵面包括方向舱和升降舵。尾翼结构一般也是由梁肋、桁条和蒙皮组成，而尾翼承受的应力也与机翼相似。由气动载荷引起的弯矩、扭矩和剪力，从一个构件传到另一个构件。每个构件分担一部分应力，而把剩余的传给其他构件，最终传给翼梁，翼梁再把它传到机身结构。早期飞机的水平安定面是不能运动的，现代飞机多采用可变安装角的水平安定面，可通过改变水平安定面的安装角，来达到纵向配平的目的。尾翼具有保持飞机纵向平衡、保持飞机纵向和方向安定性、实现飞机纵向和方向操纵等功能。

尾翼与机身的连接方式如下。

① 无人机垂直安定面与机身的连接。前梁和后梁下部的接头分别与机身尾段两个加强隔框横梁上的接头用螺栓固定连接。

② 无人机的全动平尾与机身的连接。主梁上的接头与固定在机身尾部隔框上的支架铰

接。配重的作用是把平尾的重心前移到铰链轴线上，防止飞行中舵面在气流激励下发生颤振。平尾按相对于机翼的上下位置不同，大致分为高平尾、中平尾、低平尾。

(3) 起落架与机身的连接

无人机起落架有三个大类：前三点、后三点和多点式。后三点又分为后三点轮式和后三点滑橇式。方向性最好的是前三点。但是前三点的起落架布局降落稍微暴力一点就很容易把前轮碰歪，导致接地后出现偏航现象；方向性次之的是后三点轮式起落架，这种起落架具有较高的强度，能忍受一定程度内的暴力降落，应用极其广泛。

起落架通常固定在机身加强框和（或）纵梁上，可以采用起落架舱，一般由垂直腹板、水平加强板和两端的加强框形成，起落架支点的开口周围用加强构件加强，如图 4-8 所示。

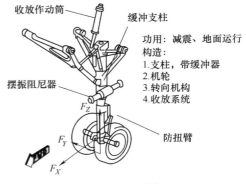

图 4-8　起落架

4.2.2　中小型固定翼无人机的组装连接

中小型固定翼无人机及航模，其机翼与机身的连接形式主要有螺栓连接、卡扣连接、橡皮筋捆绑、黏胶连接等。

(1) 连接方式

① 螺栓连接　螺栓连接，是无人机组装中最常用的一种连接方式，可以装拆方便，利于检修，可以增加预紧力防止松动，不会引起连接处材料成分相变。螺栓连接主要应用于机翼与机身的连接、尾翼与机身的连接、起落架与机身的连接，经常与其他连接方式配合使用。机翼与机身可采用直接螺栓连接，也可采用插销连接和螺栓连接相结合的结构，如图 4-9 所示。

② 卡扣连接　卡扣连接是用于一个零件与另一零件的嵌入连接或整体闭锁的机构，通常用于塑料件的连接，材料通常由具有一定柔韧性的塑料材料构成。卡扣连接最大的特点是安装拆卸方便，可以做到免工具拆卸，一般来说，卡扣连接需要与其他连接方式配合使用，该连接方式较稳定。

③ 橡皮筋捆绑　橡皮筋捆绑是指用橡皮筋采用捆绑方式将机翼与机身连接并固定在一起，如图 4-10 所示。此方式常在轻微型无人机上应用，具有组装简便、拆装容易、重量轻等特点，但是在飞行中易损坏，且一旦损坏必须更换，无法修复。

④ 黏胶连接　黏胶连接是指直接用合适的黏胶，将无人机的相关部件粘接在一起的方

图 4-9　插销和螺栓连接

图 4-10　橡皮筋捆绑连接

式。该方式比较方便、价格便宜。但用此种方法无人机稳定性差，易损坏，受温度影响较大，炎热天气下胶水易化开，会导致模型不牢固而影响使用。

(2) 组装要点

① 机翼组装　轻微型固定翼无人机的机翼组装一般分为左、右两部分连接，尾翼的组装方式与机翼类似。

a. 机翼连接方式应符合要求，黏接、螺接等都应保证牢固可靠不松动；

b. 安装后机翼的安装角、上反角及后掠角等应符合要求，一般安装上反角加强片或支撑杆等，强度应足够承担飞行时的机翼载荷，安装后机翼的合缝处与机身纵轴线重合或机翼沿纵轴线对称。机翼安装角如图 4-11 所示。

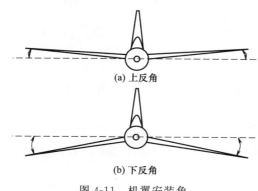

(a) 上反角

(b) 下反角

图 4-11　机翼安装角

② 尾翼组装　尾翼组装分为分离式和一体式。安装完成前，应检查尾翼的安装角，先将尾翼插进到机身槽口，仔细检查尾翼的安装角度是否准确。从俯视的角度检查水平尾翼是否左右对称，从后视的角度检查垂直尾翼是否垂直于机身和水平尾翼。尾翼调整示意图如图 4-12 所示。

③ 起落架组装　起落架组装（图 4-13）主要按照说明书要求安装在规定的位置，例如某无人机采用后三点式起落架安装，前两轮的用压片紧固在机身上，起落架后轮应安装在中立位置。

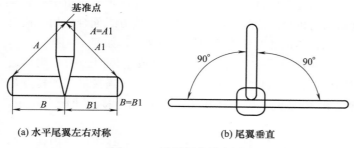

(a) 水平尾翼左右对称

(b) 尾翼垂直

图 4-12　尾翼调整示意图

图 4-13　起落架组装示意图

4.3 固定翼无人机动力系统的组装

4.3.1　动力系统配置原则

(1) 机型选择

选择什么样的机型，主要看需要进行哪一类飞行：是想体验轻飘飘、慢悠悠的飞行，还是要做一些高难度的动作，或者是需要速度的冲击感，其区别的关键在于飞机翼载荷的大小。总体来说，要求机动性好、起飞着陆速度小的飞机，通常采用较小的翼载荷；而要求速度高的飞机则采用大翼载荷。

新手练习一般选择翼载荷小、飞行速度慢、容易操控的"初级练习机"。这类飞机一般采用较厚的"平凸翼型"，使飞机在较低的速度下就能产生较大的升力。同时它一般还具有较高的机翼位置，通常采用带有上反角的上单翼布局，其重心位置较低，飞机会在重力的作用下自然趋于平衡。初级练习机的翼载荷一般为 $50\sim70\text{g/dm}^2$。

要体验大动作、高机动的特技飞行，就需要用到"特技机"。特技机的翼载荷相对略大，一般在 $60\sim100\text{g/dm}^2$。这类飞机的舵面一般较大，在舵面动作时可以使飞机获得较高的机动性。同时一般采用中单翼，使机翼安装位置距重心较近，可以让飞机进行较大的动作，甚至翻转飞行。

当然，除了对于翼载荷的关注，在一些场合还要关注飞机的气动布局。一般情况下，如果要进行第一视角（First Person View，FPV）远航、体验空中翱翔的感觉，应该选择比较省电的飞翼布局的固定翼无人机。

（2）动力系统配置

首先，要根据机型类别确定飞机所需的推力大小。前文提到，不同类型的飞机的翼载荷不同，其实推动它们飞行所需的推重比也不同。推重比是飞机动力系统产生的最大推力与飞机重量的比值。对于初级练习机，其推重比一般在 $0.7\sim0.9$ 左右，也就是说对于 1kg 的飞机，只需要 $700\sim900\text{g}$ 的推力就能够让起飞。而对于特技机，其推重比一般要达到 1 以上，才能够做出各种特技动作。因此，在概略估算无人机总重量后，可以根据机型所对应的推重比需求，来计算满足飞行要求的推力。

然后，根据飞机所需的推力大小选择合适的电机和螺旋桨组合。电机和螺旋桨是推力的直接产生部件。按照电机的性能参数列表，可以很方便地得知它搭配不同尺寸的螺旋桨所产生的推力数据，进而根据飞机需要的推力进行选择。同时，还要考虑飞机的飞行速度，一般情况下，低速飞行的飞机采用"低转速电机＋大桨"组合，而高速飞行的飞机采用"高转速电机＋小桨"组合。

在确定电机和螺旋桨组合之后，就可以根据电机的最大额定电流选择电调。对于特定的电机和螺旋桨组合，根据生产厂商给出的实测数据可以得知电机的最大额定电流。所选的电调一定要大于电机的最大额定电流才能保证电机的正常运转。通常情况下，还需要考虑到瞬时最大电流以及散热条件的影响。

最后进行电池选择。电池所能提供的瞬时电流需要能够满足飞机的各种飞行需要，包括起飞、降落、平飞、大幅度动作等。因此必须要有能力提供足够大的电流才行，即电池的最大放电电流要大于动力系统的额定电流。当然，电池一般比较重，还要根据估算的飞机总重量减去已确定的其他部件的重量，才能最终确定电池的选择。

（3）配平要求

无人机的配平对飞行性能影响很大，在选配和安装动力系统时，要格外注意无人机的配平。配平是指平衡作用在飞机上的力矩，作用是调整重心的前后位置。

① 一般在选择零部件初期和进行改装、动力升级的时候，都应大致估算动力系统的总重，规划各部件的安装位置，使重心处于设计的中心位置。

② 当电动动力系统的重量占无人机总重的比例较大时，应尽可能通过移动电池的方法调整无人机的重心位置，做到"零配重"或小配重。

③ 如果发生受空间限制无法配平或需较大重量配重的情况，则应考虑更改动力系统的配置，或修改无人机的总体布局设计。

4.3.2 电动动力系统组装

(1) 电动系统的组成

固定翼无人机的电动系统由螺旋桨、电动机、电调、电池组成。各部分的详细介绍见 3.3.1 节。

(2) 选配要求

① 选配流程

a. 根据估算的翼载荷和推重比，得出动力系统应提供的拉力大小，进而选出合适级别的电机和螺旋桨组合。

b. 依据所选电机的最大额定电流，选择所需电调，电调的标称电流应大于电路最大额定电流。

c. 参照电路的稳定电流，并根据整机的重量要求，选择一块合适的动力电池。

② 选配原则　在遵循配置原则的基础上，中型及以下固定翼无人机采用电动系统时，可以参考一些经验数据，如表 4-1 所示。

表 4-1　电机参数表

	常见型号	2210	2812	3520	4020	5050
	KV 值	1000～2500	700～2000	500～1500	400～1000	300～600
	螺旋桨直径/英寸	6～10	9～12	11～14	13～15	14～16
	最大转速范围/(r·min^{-1})	7000～10000	600～9000	5000～8000	400～1000	300～600
	最大电流/A	10	15～20	25～45	35～70	50～85
电池规格	电池型号	2S	3S	3S/4S	3S/4S	5S/6S
	电池容量/(mA·h)	800/1300	1300	2200	4400	大于5000
	拉力范围/kg	0.3～0.8	0.8～1.5	1.5～2.5	2.0～3.0	2.5～3.5

注：常见型号的前两位表示定子直径，后两位表示定子高度，单位为 mm；1 英寸＝2.54cm。

a. 螺旋桨的选择。由于螺旋桨的拉力受直径、桨叶面积的影响，因此在其他条件允许的情况下，可尽量选择大直径的螺旋桨。

b. 电机的选择。选择电动机种类的原则是在满足机械技术性能的前提下，优先选用结构简单、工作可靠、价格便宜、维修方便的电动机；根据要拖动的机械功率选择电动机的功率；在功率一定时，电动机的额定转速越高，其体积越小，重量越轻，价格越低，运行的效率越高，电动机的飞轮矩就越小，因此选用高速电动机较为经济；再根据电动机的功率选择电压；转速根据机械设备和装置要求进行选择；考虑散热能力、电流、功率等参数相同的情况下，大直径、小长度的电机往往比小直径、大长度的电机具备更好的散热能力；绝缘等级的选择要考虑工作环境和负载特性。

c. 电调的选择。电子调速器的额定电流应与电机的工作电流一致，其标称电流应大于或等于电路的最大额定电流。

d. 电池的选择。电池的重量占动力系统总重的比例最大，对翼载荷、推重比等参数影响较大，因此选配时需要仔细权衡。电池为整架飞机提供能量，电池的选择参数有容量、电压、放电倍率。容量要根据飞机的大小和重心的位置来选择。

8S锂电池的满电电压大约为 33.6V（8×4.2V），人体所能承受的安全电压为 36V，使用过程具有一定的危险性，不建议使用 8S 以上的锂电池组，在确实需要如此大功率输出的模型无人机上，可采用电池多处布局，或采用油动动力系统。

　　e. 舵机选型。舵机，也称伺服电机，最早用于各类航模中实现其转向功能，由于可以通过程序连续控制其转角，被广泛应用于各类机电一体化产品中。在固定翼无人机中，无人机的飞行姿态是通过调节发动机和控制各个舵面来实现的。舵机主要由舵盘、减速齿轮组、电位器、直流电机和控制电路等组成，如图 4-14 所示。舵机对外连接信号线及线序如图 4-15 所示，一般采用 3PIN 杜邦头进行连接。舵机按照工作电压分为普通电压舵机（4.8～6V）和高压舵机 HV SERVO（6～7.4V，9.4～12V）；按照是否防水分为全防水舵机和普通舵机；按照舵机的工作信号分为模拟舵机和数字舵机。

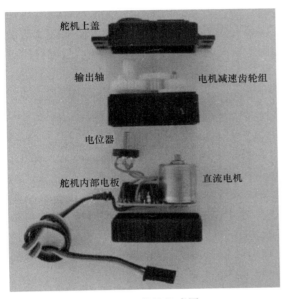

图 4-14　舵机组成图

 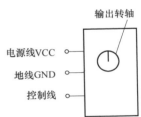

图 4-15　舵机接线图

　　舵机的技术参数主要有转速、扭矩、电压、尺寸、重量、材料齿轮介质、工作模式等，在做舵机的选型时要对以上几个方面进行综合考虑。某舵机的技术参数如表 4-2 所示。

表 4-2　某舵机技术参数

参数名称	数值	参数名称	数值	
最大脉宽	$900\sim2100\mu s$	电机型号	无刷电机	
舵机角度	120°	电位器类型	日本 nobie 220°	
电机	空心杯电机	芯片类型	数字芯片	
重量	59g	齿轮组材质	铝合金	
轴承	3BB	线长	(330 ± 5)mm	
输出齿	25T	线径	$0.3mm^2$	
连接线	256mm	线芯数量	60	
死区	$1\mu s$			
电压	6.0V	7.4V	8.4V	
速度（转角60°需要的时间）	0.12s	0.10s	0.1s	
扭矩	25.2kgf·cm	28kgf·cm	32.3kgf·cm	
快速持续工作电流	600mA	700mA	800mA	
堵转电流	2500mA	2800mA	3000mA	

ⓐ 转速　转速由舵机无负载的情况下转过 60°所需时间来衡量，常见舵机的速度一般在 0.11s/60°～0.21s/60°之间。

ⓑ 扭矩　舵机扭矩的单位是 kgf·cm（1kgf=9.80665N），可以理解为在舵盘上距舵机轴中心水平距离 1cm 处，舵机能够带动的物体重量。

ⓒ 电压　厂商提供的速度、扭矩与测试电压有关，在 4.8V 和 6V 两种测试电压下这两个参数差别较大。若无特别注明，JR（插头规格）的舵机都是以 4.8V 为测试电压，Futaba（插头规格）则以 6.0V 作为测试电压。舵机的工作电压对性能有重大的影响，舵机推荐的电压一般都是 4.8V 或 6V。另外，选择舵机还需要看控制板所能提供的电压。

ⓓ 尺寸、重量和材质　舵机的功率（速度×转矩）和尺寸比值可以理解为该舵机的功率密度，一般同样品牌的舵机，功率密度大的价格高；塑料齿轮的舵机在超出极限负荷的条件下使用可能会崩齿，但金属齿轮的舵机可能会因电机过热而损毁或外壳变形，所以材质的选择并没有绝对的倾向。

综上所述，舵机选择需要在计算所需扭矩和速度、确定使用电压的条件下，选择有 150% 左右甚至更大扭矩富余的舵机。

（3）组装要求

① 电机安装　电机安装时需要重点关注的内容包括电机安装角、反扭力、修正反扭力、下拉角等。

a. 电机安装角。电机安装角是一个十分重要的设置，其设定关系到无人机飞行的稳定性，安装角如图 4-16 所示。要准确计算电机安装角是十分复杂的，所以我们只需要懂得最基本的原理，在组装和飞行维护中懂得如何调节出最适合的安装角即可。拉力线是指固定翼无人机的发动机/电机（带动螺旋桨）产生拉力/推力的轴线。拉力线与无人机的机身轴线的夹角，就是电机安装角，一般是指右拉角和下拉角，分别是为了克服反扭力和过多的升力。相对于机身轴线来说，电机轴线无人机前进方向的右前方延伸角度是右拉角，向前下方延伸的角度是下拉角。在组装时可根据具体需要对下拉角进行调节，下拉角的作用力线应该尽量靠近飞机重心，但不一定穿过。当推力线高于重心，给予飞机沉头的力；当推力线低于重

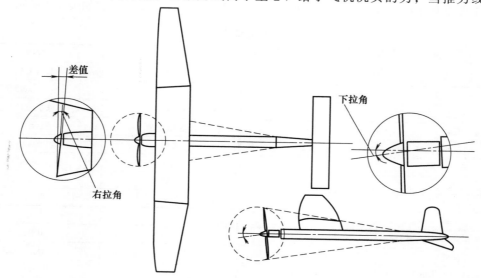

图 4-16　电机安装角

心，给予飞机抬头的力。为了方便对无人机进行控制，下拉角根据具体需要进行调节，一般是希望飞行中可以有较小的抬头为佳。电机安装时带有适当下拉角可以克服过多的升力。飞机升力产生于机翼翼型，升力过大会使飞机在飞行中不断抬头上升，易导致失速坠机；下拉角则可以消去多余的升力，使无人机平稳飞行。

b. 反扭力。电机带动螺旋桨转动产生推力，给飞机一个向前的力，同时会对飞机产生一个逆向旋转的反扭力。反扭力不是固定的值，是随着电机转速变化而变化的，转速越快其反扭力越大。升力也不是固定的值，是随着飞机速度变化而变化的，速度越快升力越大。

c. 修正反扭力。以前拉机型（电机在机头）为例，通常情况下，螺旋桨是逆时针旋转的，对机身的反扭力就是顺时针方向的。反扭力会使飞机飞行过程中不断向左横滚偏转，最后会失去升力而坠机。要修正反扭力，就要调整右拉角，一般情况是 $2°\sim3°$ 左右。

d. 电机下拉角及注意事项。当遇到前拉机型飞机在飞行过程中不断右偏转弯时，应在确定所有舵面都在原位的情况下，调整右拉角，右偏是因为右拉角度太大，给右则机翼压力太大，应减少右拉角度；当遇到前拉机型飞机起飞沉头，尝试加大油门起飞反而更快沉头时，应先确保飞机重心与设计重心一致，所有舵面在原位，如果情况依旧，则可能因为下拉角度太大，需减少下拉角度。

② 电调安装　电子调速器的连接方法是将调速器的三芯插头（即信号插头）直接插入接收机的油门通道，将电调的输入线与电池连接、电调的输出线（有刷两根、无刷三根）与电机连接、电调的信号线与接收机连接。

电调一般有电源输出功能，即在信号线的正负极之间，有 5V 左右的电压输出，通过信号线可为接收机供电，接收机再为舵机等控制设备供电。

电调的输出可以为 3～4 台舵机供电，因此，电动飞机一般都不需要单独为接收机供电，除非舵机很多或对接收机电源有额外要求。

③ 螺旋桨安装　螺旋桨安装一般根据所配固定翼无人机的机型有不同要求，注意螺旋桨有字的一面应该朝向无人机的前进方向。

a. 区分螺旋桨。用桨叶迎风面区分正反桨：螺旋桨横着放，桨叶有字的一面向上，右边桨叶的迎风面在后面的是正桨，右边桨叶的迎风面在前面的是反桨；用桨叶上刻字来区分正反桨：桨叶上刻有螺旋桨型号规格字样，如 10X5.5MR，另外一个螺旋桨的刻字是10X5.5MRP，最后有 P 字的螺旋桨是反桨。由于螺旋桨生产厂家不同，通过刻字来区分正桨、反桨的方式也不一样，有些是以 CCW 和 CW 来区分，有些是以 L 和 R 来区分。

b. 安装螺旋桨。区分好螺旋桨的正桨和反桨后，接下来就要把他们安装在电机上。

• 拿出桨垫逐个套在电机轴上，找到合适的桨垫，用小刀沿着桨垫边缘切出来，切的时候不要太靠近桨垫边，留下一丁点也没问题。切好后用细砂纸慢慢打磨切口，磨平切口位但要保证桨垫是正圆的。

• 把桨垫装到螺旋桨背面大孔中，装好后确保桨垫与大孔是同一个平面。

• 把装好垫片的螺旋桨有字的面向上，按照电机安装的螺旋桨的类型，套到电机轴上，放上桨夹垫片，用螺母拧紧，再拧上子弹头，用螺丝批插入子弹头小孔上紧。螺母和子弹头都要拧紧，防止螺旋桨高速旋转时候飞出来伤人。

c. 电机和螺旋桨的固定方式。由于从电机输出的功率几乎要全部传给螺旋桨，因此电机与螺旋桨的连接必须可靠，不能松动。同时，二者的连接还要满足振动小、拆装方便的要求。

一般电机和螺旋桨的固定方式有以下两种方式。

ⓐ 桨夹　桨夹是在无人机上使用最多的电机和螺旋桨连接器件，它由三部分组成：锥形轴、压紧衬套和固定螺母。锥形轴的前半部分有螺纹，螺纹直径与螺旋桨安装孔一致；后半部分呈锥形，内孔直径与电机轴相同，且沿内孔有"十"字形切割。压紧衬套的内孔也呈锥形，其锥度与锥形轴一致。

桨夹的作用方式：固定螺母拧紧后通过垫片压紧螺旋桨，挤压之后的螺旋桨压紧衬套，在相互配合的锥面作用下，锥形轴"十"字形切槽处发生弹性变形，从而夹紧电机输出轴。固定螺母拧得越紧，电机与螺旋桨的连接就越牢，这是一种相对合理的设计。

对于大型电机和螺旋桨的连接，为了保证强度，桨夹的直径必须很大，且应使用较硬的材料制作，这样就可以保证锥形轴的"十"字形切槽在变形后不断裂。

ⓑ 螺旋桨安装座　大型电机的输出功率高达上千瓦，拉力达数公斤，这种情况下可能会出现打滑甚至松脱事故，因此需使用螺旋桨安装座。螺旋桨通过固定螺母直接压紧在安装座上。大多数功率较大的电机都可采用这种方式与螺旋桨连接。

桨夹与螺旋桨安装座都通过固定螺母和垫片来固定的。其中的固定螺母可以是普通螺母，也可以是带整流外形的螺母。在安装时，这类螺母无法使用扳手，而是通过在横向通孔中插入改锥或类似杆状物拧紧。有些螺母的相关表面加工有斜纹或网纹，可增加其与螺旋桨间的摩擦力。

④ 舵机安装

a. 安装要求如下所述。舵机的执行部分主要由摇臂、连杆及舵角组成，舵机的指针型摇臂适合方向舵和升降舵使用，一字形和十字形适用于副翼使用，如图 4-17 所示。

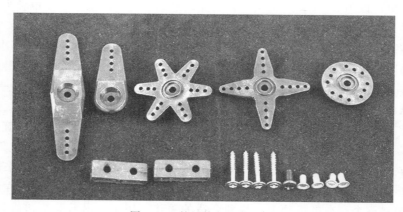

图 4-17　舵机执行机构组件

舵角一般是一个三角形的固定件，安装在无人机副翼、尾翼的活动面上，通过连杆与舵机摇臂连接，遥控控制活动面摆动调节无人机飞行轨迹，通过调整连杆在舵机摇臂和在舵角上的安装位置，实现舵面偏转量的设置，如图 4-18 所示。

b. 安装注意事项如下所述。对于固定翼无人机，同一舵面的各个铰链的中心线应该在一条直线上，并且位于舵面的中心；控制摇臂的转动点应该与铰链的中心线在同一个平面上；舵机摇臂应该与铰链中心线平行，调整摇臂使得键槽与键齿相配合，尽量不要使用遥控器的中立位置调整功能来调整舵机的中心位置；使用高级的带轴承的连接附件和精密加工的铝制舵机摇臂，可以更好地完成设置。舵机安装位置如图 4-19 所示。

图 4-18　舵机安装图

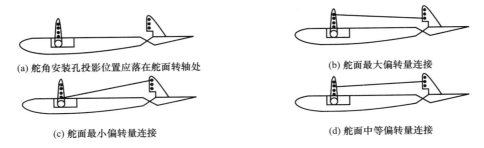

(a) 舵角安装孔投影位置应落在舵面转轴处　　　　(b) 舵面最大偏转量连接

(c) 舵面最小偏转量连接　　　　(d) 舵面中等偏转量连接

图 4-19　舵机安装位置示意图

4.3.3　油动动力系统组装

(1) 油动系统组成

油动动力系统由螺旋桨、发动机、舵机和辅助系统组成。

① 螺旋桨　螺旋桨的介绍参见 4.3.1 节内容。

② 发动机　现代固定翼机的动力装置主要包括涡轮发动机和活塞发动机，应用较广泛的动力装置有四种：航空活塞式发动机加螺旋桨推进器；涡轮喷射发动机；涡轮螺旋桨发动机；涡轮风扇发动机。固定翼无人机常用的发动机按工作方式可分成二冲程发动机与四冲程发动机。按燃料分，发动机分为甲醇发动机和汽油发动机。

③ 舵机　舵机的主要作用是控制节气门改变空气燃料混合比，以此来调节发动机的输出功率及转速。舵机的介绍参见 4.3.2 节中 (2) 的内容。

④ 辅助系统　要保证发动机正常工作，还需要进气系统、燃料系统、点火系统、冷却系统、启动系统、定时系统和散热系统等一些必要的辅助系统。

(2) 选配要求

① 选配流程　首先根据估算的翼载荷和推重比，得出动力系统应提供的拉力大小选出合适级别的发动机；根据发动机选择与之匹配的螺旋桨；根据无人机结构、燃料性质选择合适的辅助系统。

② 选配原则

a. 发动机级别选择。根据无人机级别确定发动机的级别，对于中型及以下固定翼无人机，发动机的部分选用配合，如表 4-3 所示。发动机的级别是按汽缸的工作容积计算的，计量单位有英制（级）和公制（mL）。

表 4-3　常见发动机级别

发动机英制级别/级	发动机公制级别/mL	无人机翼展/m	飞行重量/g
10～15	1.6～2.5	0.8～1	800～1000
15～20	2.5～3.3	1～1.25	1000～1200
20～25	3.3～4.0	1.25～1.3	1200～1400
25～30	4.0～4.9	1.3～1.35	1400～1800
35～40	5.7～~6.5	1.35～1.4	1800～2200
40～45	6.5～7.4	1.4～1.5	2200～2500
45～50	7.4～8.2	1.5～1.6	2500～3000
50～60	8.2～9.8	1.6～1.8	3000～4000

b. 发动机类型选择。二冲程发动机转速较高，常用于低成本的小型无人机；四冲程发动机转速较低、油耗低、噪声也小，常作为特技无人机和中型无人机的动力装置。

c. 螺旋桨的选择。磨合用的螺旋桨和正常飞行用的螺旋桨不同，磨合用螺旋桨重量大、直径小、螺距（桨距）大，以便于增加发动机的启动能力和鼓风能力，部分螺旋桨与发动机的匹配，如表 4-4 所示。表中，in 为英寸，1in＝2.54cm。

表 4-4　螺旋桨-发动机匹配表

发动机级别/级	磨合用螺旋桨规格(直径×螺距)/(in×in)	飞行用螺旋桨(直径×螺距)/(in×in)
10	7×5	7×4/7×5
15	7×5、8×5	8×4
20、21	8×5、8×6	8×5、9×4
25	9×6	9×5、10×4
30、32	10×6、10×7	10×5、10×6
35	10×6、10×7	10×5、10×6
40	10×7	10×6、10×7
45、46	10×7、11×7	10×7、11×7
50、52	11×6	11×7、12×6
60、61	11×8	12×6、12×7、12×8

(3) 组装步骤

① 发动机安装前准备工作

a. 检查发动机的清洁程度。发动机的清洁非常重要，即使极少的脏物或沙土进入发动机内部，也会引起发动机的严重磨损。检查时，应从排气口和进气口等地方着手。发动机的外部也要保持清洁，去除油污、脏物或沙土，防止其进入发动机内部。

b. 检查各个零件数量及质量。根据发动机说明书进行检查，发现零件缺少或损坏，或不能安装使用，应配齐、调换或修理，对于易损件应按要求常备并定期更换。

② 发动机安装　根据无人机机身设计要求，将发动机安装到机身上。安装发动机一般配有发动机架，安装应用专用的螺杆、螺帽，同时加上螺丝胶或橡胶垫。

　　检查安装位置是否正确，安装是否牢固，安装的正反方向是否符合说明书要求等，应严格按照安装步骤进行检查。

　　③ 螺旋桨安装　将螺旋桨装在曲轴前部的两个垫片间，转动曲轴使活塞向上运动并开始压缩，同时将螺旋桨转到水平方向，然后用扳手拧紧桨帽，并把螺旋桨固定在这个位置上。安装螺旋桨时要注意，当活塞在上止点时，螺旋桨右边的桨叶较高，并和水平面呈 $10°\sim30°$ 角。

　　初次练习启动时，可用直径较大和较重的螺旋桨。既容易启动，又不易反转和打手。启动技术熟练后，再换用短一些的螺旋桨。

　　在油动无人机上，如果是尾推式动力布置，需要用到"反桨"，即桨叶反方向转动的螺旋桨，因为燃油活塞式发动机不能反转，而在电动模型飞机上，反桨不再要求必须使用。因为电机只需调换线序就能反转，所以使用普通桨叶也能为"尾推式"模型飞机提供动力。不过电机在反转时，螺旋桨的固定螺母会越来越松，因此一定要在每次飞行前检查螺旋桨的固定螺母，如有松动及时拧紧。螺旋桨安装如图 4-20 所示。

　　注：当使用时才安装螺旋桨，使用后应立即将螺旋桨拆卸下来，防止螺旋桨误动作造成人员伤害。

　　④ 检查发动机的内部情况　关键是检查气缸和活塞的配合情况。先装上螺旋桨，慢慢地左右拨动，使曲轴跟着左右转动，根据转动过程中的情况判断气缸与活塞的配合是否合适，若不合适，根据说明书做出适当调整，还应检查活塞和气缸的气密性。

图 4-20　螺旋桨安装

　　⑤ 其他注意事项

　　a. 油箱，是保证发动机正常工作的一个重要部件，安装时注意油箱油面高度和喷油管的相对位置。一般是使油面和喷油管在同一水平面上或稍低几毫米，往油箱加油时应当注意这一点。

　　b. 油箱要尽可能靠近发动机。

　　c. 要经常检查油管是否畅通，不要被脏物堵塞。

　　d. 要注意检查油路漏气情况。

4.4　固定翼无人机飞控系统的组装

4.4.1　飞控系统介绍

　　无人机飞行控制系统，简称飞控，是指能够稳定无人机飞行姿态，并能控制无人机自主或半自主飞行的控制系统，是无人机的"大脑"。固定翼无人机飞行的控制通常包括方向、副翼、升降、油门、襟翼等控制，通过舵机改变飞机的翼面，产生相应的扭矩，控制飞机转弯、爬升、俯冲、横滚等动作。

　　(1) 飞控系统工作原理

　　飞控系统实时采集各传感器测量的飞行状态数据，通过无线电测控终端接收由地面测控站上行信道送来的控制命令及数据，经计算处理，输出控制指令给执行机构，实现对固定翼无人机中各种飞行模态的控制和对任务设备的管理与控制。同时将无人机的状态数据及发动机、机载电源系统、任务设备的工作状态参数实时传送给机载无线电数据终端，经无线电下行信道发送回地面测控站。

（2）飞控系统的组成

固定翼无人机飞控系统的硬件包括主控制、信号调理及接口、数据采集以及舵机驱动等模块。各个功能模块组合在一起，构成飞行控制系统的核心，而主控制模块是飞控系统核心，与其他模块相组合，只需修改软件或简单改动外围电路，就可以满足一系列小型无人机的飞行控制和飞行管理功能要求，从而实现一次开发、多型号使用要求，降低了系统开发成本。

（3）飞控系统的功能

① 可完成多路模拟信号的高速采集，包括陀螺信号、航向信号、舵偏角信号、发动机转速、缸温信号、动静压传感器信号、电源电压信号等。由于 CPU 自带 A/D 的精度和通道数有限，使用了另外的数据采集电路，其片选和控制信号是通过 EPLD 中译码电路产生的。

② 输出开关量信号、模拟信号和 PWM 脉冲信号等能适应不同执行机构（如方向舵机、副翼舵机、升降舵机、气道和风门舵机等）的控制要求。

4.4.2 飞控系统安装

（1）飞控安装及注意事项

① 对于主控和惯性测量单元（Inertial Measurement Unit，IMU）一体化的飞控，安装时飞控上的箭头要指向无人机机头的方向；

② 对于主控器和 IMU 分开设计的飞控，安装时一般只要求 IMU 上的箭头要指向无人机机头的方向；

③ IMU 对震动很敏感，安装时尽量将 IMU 安装在机体震动较小的地方，必要时添加减震装置。

飞控的安装可参考 3.4.2 节内容。

（2）空速计安装要求

空速计传感器一般安装在机翼上或机头部位，不能安装在螺旋桨后边。

（3）GPS 天线安装及注意事项

① GPS 天线应引出到无人机机体顶部，天线的信号接收面应平行于地面并在上方安装，不要安装在舱内或其他封闭空间内，否则信号质量将会受到较大影响，飞行器将不能准确定位；

② 天线表面不可覆盖金属材料（如铜箔等），不可覆盖吸波材料（如碳纤维等）；

③ 天线馈线不得弯折；

④ 天线应远离磁场、电场，故也需要远离发动机、舵机、大电流连接线以及带有辐射能力的电台或发射机。

（4）接收机的安装及注意事项

① 先用泡沫塑料包好，放在舵机前面不受挤压的地方；

② 用固定在机身上的橡筋条或尼龙搭扣固定好，天线在接收机的引出点不能受力，以免被折断，可以在引出处 10cm 的地方绑上一段橡筋条，橡筋条的另一端固定在机身上；

③ 天线的其余部分可以放在机身内或机身外，不能打圈，尽量拉直；

④ 不能将天线剪短，更不要用普通导线替换原来的天线。

可参照 3.5.2 节中（1）的内容。

（5）线缆连接

将各种传感器的信号线按照飞控上标识的对应接口和飞控进行组装连接，如图 4-21 所示。

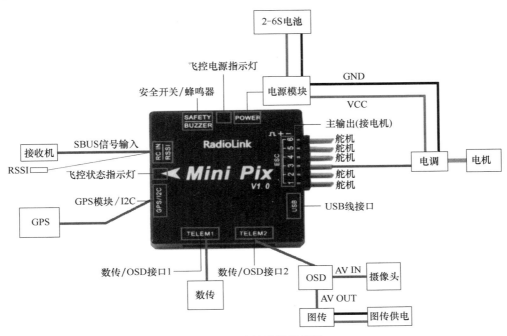

图 4-21 飞控连接示意图

4.5 机载电气系统的组装

（1）电源开关安装要求

① 接收机电源开关要按照说明书规定的方法安装，直接安装在机身上的，一定要把扳键的孔开得足够大。

② 如果孔开得太小，开机后扳键没有到达锁紧位置，就可能自动退回关机位置，造成失控。

③ 如果安装在机身内，采用钢丝推拉开关的，一定要能拉或推到锁紧位置。

电源开关的具体安装可参考 3.4.2 节中（4）的内容。

（2）电池安装要求

① 电池在模型受到冲击时惯性最大，故要把它放在所有部件的最前端。

② 在小型模型上，为了调整重心位置而将电池后移时，一定要固定牢靠。

③ 在大型模型上，若对重心位置影响不是很大，建议不用电池后移的方法调整重心。

④ 不能因为电池外壳的坚固忽视对电池的减震，电池也应当用泡沫塑料包裹，尽量减小震动，以免电池内部或引线受到剧烈震动而损坏。

（3）其他电气线缆的安装

参考各安装部分的电气线缆安装部分内容。

4.6 机载任务载荷设备的组装

无线图传设备的组装参考 3.6.2 节内容。
云台设备的组装参考 3.7.2 节内容。

本章小结

本章主要讲述了固定翼无人机系统组装的相关内容。从固定翼无人机系统的组成出发，介绍了固定翼无人机常用术语、气动特点、控制原理及组装步骤，重点阐述了无人机系统的组装过程，其中包括无人机机体平台的组装，无人机动力系统的组成、选配原则和组装，无人机飞控系统的介绍和组装，无人机电气系统的组装和无人机机载任务载荷设备的组装。

课后习题

一、填空题

1. 固定翼无人机的基本结构，主要由 _____、机身、_____、起落装置和 _____五个部分组成。

2. 尾翼是用来配平、稳定和操纵固定翼飞行器飞行的部件，通常包括 _____ 和 _____两部分。

3. 无人机在空气中飞行会遇到各种阻力，阻力是与飞机运动方向相反的空气动力，是阻碍飞机前进的，按阻力产生的原因可分为_____、压差阻力、_____和干扰阻力。

4. 升力和阻力是无人机在空气之间的相对运动（相对气流）中产生的。影响升力和阻力的基本因素有_____、_____和空气密度以及飞机本身的特点。

5. 单翼机在机身上的配置，可分为上单翼、_____和_____三种形式。

6. 多数飞机的尾翼设计包括尾锥、_____和_____。

7. 无人机起落架有三个大类：_____、后三点和_____。

8. 对于中小型固定翼无人机及航模，机翼与机身的连接形式主要有_____、卡扣连接、橡皮筋捆绑、黏胶连接等。

9. 固定翼无人机的电动系统由螺旋桨、_____、_____、电池组成。

10. 当电机规格不同，KV 值相同时，电机直径和高度越大，代表电机功率____，需要选择_____螺距和_____尺寸螺旋桨提升效率。

11. KV2000 是指电压每增加 1V，电机每分钟转速就提高_____转。

12. 6S 锂电池的满电电压大约为_____V。

13. 相对于机身轴线来说，电机轴线无人机前进方向的右前方延伸角度是____，向前下方延伸的角度是_____。

14. 反扭力不是固定的值，是随着电机转速变化而变化的，转速越快反扭力_____；升力也不是固定的值，是随着飞机速度变化而变化的，速度越快升力_____。

15. 反扭力会使飞机飞行过程中不断向左横滚偏转，最后会失去升力而坠机。要修正反扭力，就要调整右拉角，一般情况是_____度左右。

16. 舵机主要由_____、减速齿轮组、_____、_____和控制电路等组成。

17. 油动动力系统由螺旋桨、_____、_____和辅助系统组成。

18. _____发动机转速较高，常用于低成本的小型无人机；_____发动机转速较低、油耗低、噪声也小，常作为特技无人机和中型无人机的动力。

19. 磨合用的螺旋桨和正常飞行用的螺旋桨不同，磨合用螺旋桨重量应_____、直径应_____，螺距（桨距）要大些，以便于增加发动机的启动能力和鼓风能力。

20. 安装时飞控上的箭头要指向无人机_____的方向。

二、简答题

1. 简述固定翼无人机常见翼型及其特点。

2. 简述固定翼无人机组装步骤。

3. 简述固定翼无人机飞控系统的功能。

第**5**章

无人机系统调试

在完成无人机的机身结构、动力系统、通信系统和控制系统的装配后，为了实现无人机的可靠运行和人机安全，必须要对无人机进行调试。

电动多旋翼无人机调试内容主要是软件部分的调试，包括飞行控制器调试、遥控器和接收机调试、动力系统调试等。其中，飞行控制器调试包括飞控固件的烧写、各种传感器校准、飞控相关参数的设置等；遥控器和接收机调试包括对码操作、遥控模式设置、通道配置、接收机模式选择、模型选择和机型选择、舵机行程量设置、中立微调和微调步阶量设置、舵机相位设置、舵量显示操作、教练功能设置和可编程混控设置等；动力系统的调试主要是电调参数的调试等。

固定翼无人机调试是指组装完成后，按照设计要求对结构或部件进行调整，以便满足基本的飞行要求。对于中小型固定翼无人机，调试内容主要包括重心、安装角度、舵量和拉力线调试，动力系统调试，飞控参数调试等。

5.1 无人机调试步骤

根据调试过程中是否需要安装螺旋桨，可分为无桨调试和有桨调试。为了降低在调试时产生的风险系数，当对无人机进行调试时，先进行无桨调试，再进行有桨调试。

(1) 无桨调试

无桨调试的主要内容包括以下几方面。

① 连接所有线路，接通电源，进行首次通电测试，检查飞行控制器、电调、电动机和接收机是否正常通电，检查有没有出现短路或断路现象。

② 检查遥控器，进行对频及相关设置，确认遥控器发出的各个通道信号都能够准确地被接收并传送给飞控。

③ 将飞控连接到计算机，用调试软件（地面站）对飞控进行调试，如固件烧写、电调校准、加速计校准等。

④ 接通电源用遥控器解锁飞控，推动油门检查电机的转向是否正确。

注：固定翼无人机还可通过人为改变飞机姿态的方式检查舵面变化情况。

(2) 有桨调试

无人机的首次飞行往往会出现各种意外情况。在进行有桨调试时，因为无人机上已经安装好螺旋桨，当无人机运行时会产生高速旋转，为了确保人员和设备的安全，在飞行前一定要完成一系列的检查工作。

① 多旋翼

a. 安装螺旋桨，根据电机转向正确的安装螺旋桨。

b. 限制飞行器，将飞行器放在安全防护网内试飞，或通过捆绑的方式限制飞行器。飞行器第一次试飞可能会出现各种意外情况，通过防护网或捆绑可以有效地保护人员和设备安全。

c. 飞行测试，通过飞行状态检验飞行器是否正常。

② 固定翼　固定翼的飞行速度相对较快，测试时不能像旋翼机一样被限制在特定的安全区域内。为了确保安全，当固定翼无人机进行有桨调试时，一定要检查飞机机械结构、电路与控制系统、任务载荷与弹射系统等。

5.2 无人机调试操作原则

无人机飞行前调试流程必须做到位，不得忽略调试流程的任何一个细节，在操作无人机飞行前应对无人机的各个部件做相应检查，无人机的任何一个小问题都有可能导致在飞行过程中出现事故或损坏。在飞行前应该做充足的检查，防止意外发生。

(1) 外观机械部分检查

在无人机调试操作中，外观机械部分检查是无人机调试的首要环节，上电前应先检查机械部分相关零部件的外观。主要包括以下几个方面。

① 检查螺旋桨是否完好，表面是否有污渍和裂纹等（如有损坏应更换新螺旋桨，以防止在飞行中飞机震动太大导致意外）。

② 检查螺旋桨旋向和位置是否正确，安装是否紧固，用手转动螺旋桨查看旋转是否有干涉等。

③ 检查电机安装是否紧固，有无松动等现象（如发现电机安装不紧固应停止飞行，使用相应工具将电机安装固定好）。

④ 用手转动电机查看电机旋转是否有卡涩现象，电机线圈内部是否干净，电机轴有无明显的弯曲。

⑤ 检查机架是否牢固，螺钉、螺栓等有无松动现象。

⑥ 检查飞行器电池安装是否正确，电池电量是否充足。

⑦ 检查飞行器的重心位置是否正确。

⑧ 螺旋桨、电机、中间连接件必须同心、垂直。

⑨ 螺旋桨要与机架以及机架的重量匹配，正旋和反旋螺旋桨需要刚度一致。

(2) 电子部分检查

无人机调试的电子部分是调试操作的重要内容，电子部分检查的主要内容如下所述。

① 检查各个接头是否紧密，插头焊接部分（杜邦线、XT60、T 插头、香蕉头等）是否有松动、虚焊、接触不良等现象。

② 检查各电线外皮是否完好，有无刮擦脱皮等现象；检查电子设备是否安装牢固，应保证电子设备清洁、完整，并做好相关防护（如防水、防尘等）。

③ 检查电子罗盘指向是否和飞行器机头指向一致；检查电池有无破损、鼓包胀气、漏液等现象。

④ 检查地面站、地面站屏幕触屏、各界面操作是否正常。

⑤ GPS 模块安装要远离电源、电调、电机、其他电子部件和含铁的金属物。

⑥ 飞控器安装时白色箭头指向无人机正前方，飞控器需要安装减震海绵，飞控器需要安装在靠近无人机重心的地方，无论是水平方向还是垂直方向上。

⑦ 检查安全按钮位置是否正确。

（3）上电后检查与调试

无人机上电后检查与调试操作包括如下内容。

① 插入电源模块前，请务必确保电源模块的电压在 5～6V 之间，以免意外烧坏飞控。

② 电池接插时，要区分是串联电路还是并联电路，以免插错导致电池烧坏或者是飞控烧坏。

③ 连接飞控电源线的时候，注意红线黑线的电源方向不要插反，否则可能会烧坏飞控。

④ 上电后，地面站与无人机进行配对，点击地面站设置里的配对，先插电源负极，点击配对插上正极，地面站显示配对即可。

⑤ 检查遥控器操控模式（美国手、日本手等）、信号连接情况、电量是否充足、各键位是否复位、天线位置等；打开地面站，检查手柄设置是否与遥控器相对应，检查超声波是否禁用，飞机的参数设置是否符合要求。

⑥ 遥控器配对成功以后，先不装桨叶，解锁轻微推动油门，观察各个电机是否旋转正常。

⑦ 如果需要插接电调的红色 5V BEC 电源线，则插上前务必测量电调 BEC 电压，市场上电调的 5V 电压经常有问题。

⑧ 检查电调指示音是否正确，LED 指示灯闪烁是否正常；进行油门行程校准的时候，最好不装桨以免误伤自己。

⑨ 检测时切勿贴近或接触旋转中的电机或螺旋桨，避免被螺旋桨割伤；确保电机运转正常后，点击地面站上的磁罗盘校准。

⑩ 起飞前必须确定 GPS 模块中的卫星数量达到 17 或 17 颗以上，方可起飞作业。

⑪ 试飞过程中，务必提前观察飞机运行灯的状态，以及地面站所显示的 GPS 星数，及时做出预判。

⑫ 测试飞行，以及航线的试飞，观察飞机在走航线的过程中是否需要对规划好的航线进行修改。

⑬ 飞行的遥控距离为飞机左右两侧 6～7m，避免站在飞机机尾的正后方；新手快要撞到人的时候，记得把油门拉到最低。

⑭ 检查各电子设备有无异常情况（如异常震动、异常声音、异常发热等）；确保遥控器、电池以及所有部件供电量充足。

⑮ 使用完以后，请立即将电池与飞机插头拔开，如果不拔，锂电池一直在给飞机供电，处于放电状态，一旦锂电电量放完，锂电池就报废。

⑯ 检查周围环境是否适合作业（恶劣天气下请勿飞行，如风速五级及以上、下雪、下雨、有雾天气等）及起降场地是否合理（应选择开阔、周围无高大建筑物的场所作为飞行场地，大量使用钢筋的建筑物会影响指南针工作，而且会遮挡 GPS 模块的搜星信号，调试飞行器定位效果变差甚至无法定位），调试空域有无申报。

（4）无人机的开关机顺序

开机顺序为先开启遥控器，后开启飞机；关机顺序为先关闭飞机，后关闭遥控器。

5.3 多旋翼无人机的调试

近几年，多旋翼航拍飞行器成了消费级无人机的主流产品形态。与遥控直升机相比，多旋翼飞行器结构简单，造价更低；与固定翼相比，多轴飞行器操控简单，可以随时悬停，对场地的要求低。所以现在从玩具飞行器到大型的工业级无人机，绝大多数都是采用多旋翼飞行器平台。

5.3.1 无人机飞控系统调试

(1) PID 调参

在无人机起飞前或飞行过程中，任何微小故障都有可能引发飞行事故。如果飞控系统能实时不断地进行故障监控与故障诊断，就能大幅降低事故发生的概率。飞控系统可以监控如振动、电压、电流、温度、转速等各项飞行状态参数，并通过这些监控特征信号进行故障诊断。这些信号往往是复杂且没有明显规律的，只有通过对大量故障数据进行数据挖掘，用深度学习技术建立飞控故障诊断系统，采用模式识别判定故障发生的概率，对故障进行早期预报，或进行应急处理，才能使飞行变得更加安全。

在闭环自动控制技术领域里都是基于反馈的概念以减少不确定性，其反馈的要素包括三个部分：测量、比较和执行。测量关键的是被控变量的实际值与期望值相比较，用偏差来纠正系统的响应，执行调节控制。在工程实际中，应用最为广泛的调节器控制规律为比例、积分、微分控制，简称 PID 控制，又称 PID 调节。

飞控调试最重要的是 PID 调节。在进行调试之前，要判定在调试的时候，每一步的最好结果是什么样的，进行这个调节后，最后的结果是什么样的。进行 PID 调节时一定要认清期望值，分清 P、I、D 过大或过小会出现的问题。

① P 调节　只要被控对象存在误差，比例调节就会运行，过小控制的效果不理想，过大会不稳定，存在静差，会出现振荡，在实际调节的时候，就是要在刚刚振荡的时候最好，就是振荡后最快稳定下来。

② I 调节　只要被控对象存在静差，积分调节就会发挥作用，积分调节的作用就是减小甚至消除静差；积分调节过小系统不稳定，过大会产生超调，产生震荡。在实际调节的时候我们需要控制系统很稳定（一般是先调 P 再调 D 最后再调 I，这样前期使效果已经非常好了，最后积分一下会使系统更加稳定）。

③ D 调节　主要作用是加快调节，减少调节时间，使系统快速响应。过小会使调节时间很长，调节效果不佳；过大会使系统不稳定，产生振荡。

飞控的调试步骤如下所述。

首先，在飞控的调试过程中，先把 D、I 置 0，加大 P 值，使飞行器适当的过冲开始震荡，然后增加 D 的数值，拉低 P 调节后期的作用，使过冲现象放缓，最后调到不过冲为止。最后加上 I 调节。

其次，根据实际试飞的情况，确定飞行的姿态、误差，然后进行微调（如果在调试架上调试良好，一般在实际飞行的时候不会出现问题）。

最后，当调节好翻滚（roll）、俯仰（pitch）方向上的 PID 后，要进行试飞看平不平稳，不然会出现危险发生翻机。

（2）飞行控制器调试

飞行控制器固件就是在飞控硬件上面运行的飞行控制程序，一般情况下不同的硬件对应有不同的固件，但是有些流行的固件也可以同时兼容好多硬件。在选择的时候主要考虑固件的成熟度、扩展能力及上位机配套软件的便利性。

① 安装飞控驱动与地面站软件　安装 Pixhawk 驱动程序，右击"计算机"图标，在弹出的对话框中选择"设备管理器"选项，单机"端口"列表，出现 PX4FMU（COM3）端口，如图 5-1 所示。

安装地面站软件（Mission Planner）到电脑上，Mission Planner 是免费的开源的软件，可用于 Windows 系统。

② 连接飞控与地面站软件

a. 通过 USB 连接线将飞行控制器和电脑连接，如图 5-2 所示。

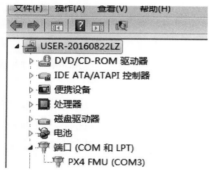

图 5-1　驱动程序安装端口　　　　　　　　　图 5-2　飞控与电脑连接

b. 进入飞行数据页面，在右上角串口号选择下拉列表中的 PX4 FMU 串口号，本机是 COM34，波特率为 115200。注意不要点击右侧的"自动连接"按钮，如图 5-3 所示。

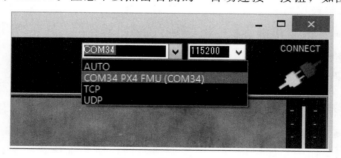

图 5-3　端口选择界面

③ 飞控固件加载和升级　一般当飞控器购买回来时，程序已经在里面了，如果想要更新里面的程序，可以通过在线直接安装方式更新固件或通过安装本地下载的固件方式更新固件。

选择：初始设置≫安装固件，如图 5-4 所示。

a. 直接安装。选择对应的无人机机架类型，下载最新固件，弹出是否继续对话框，选择"是"，等待安装完成，会出现短暂的音乐声，如图 5-5 所示。声音停止后点击"确定"按钮。此时如果是第一次刷 AC3.2 固件，则会提示需要进行罗盘重新校准。

进入"飞行数据"页面，点击右上角"连接"按钮即可连上飞控，进而获取飞控数据。

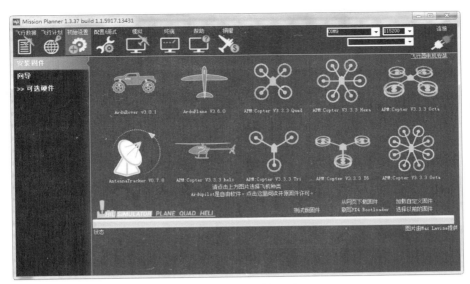

图 5-4　安装固件界面

b. 安装下载的固件。通过单击地面站安装固件页面中的"下载固件"按钮，打开官方下载服务器，如图 5-6 所示。官方软件下载地址：http：//firmware. ardupilot. org/。选择固件 Firmware 中的 APM Copter（多旋翼和传统直升机固件），如图 5-7 所示。打开固件下载页面：建议使用稳定版，点击 sta-ble，进入稳定版下载（网址）：http：//

图 5-5　下载最新固件

firmware. ardupilot. org/Copter/stable/，如图 5-8 所示。其中，固件版本含义如下：PX4 对应飞控；heli 表示直升机；hexa 表示 6 轴；octa 表示 8 轴；octa-quad 表示 4 个机壁，上下两层供 8 台马达的 8 轴；quad 表示 4 轴；tri 表示 3 轴。点击 PX4-quad/进入下载页面，如图 5-9 所示：选择 v2. px4 版本，点击右键将链接另存为，下载到本机。

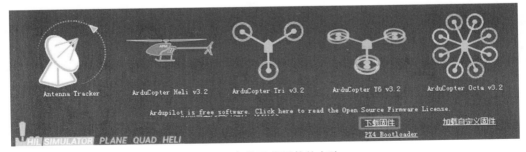

图 5-6　安装下载固件的方法

如果要加载自定义固件，在地面站进入"初始设置"页面，选择"加载自定义固件"，在弹出的对话框中选择刚下载的固件文件即可。地面站切换到"飞行数据"页面，设置好端口与波特率后，单击右上角"连接"按钮即可看到飞控数据（高度、角度等）传回地面站并显示出来。此时，主 LED 灯黄灯闪烁。

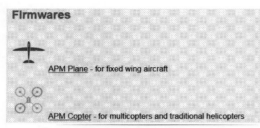

图 5-7 固件模式选择

④ 校准 将 GPS 的两路输出（6pin 和 4pin）接上飞控的对应的 GPS 口（6pin）和 I2C 口（4pin 罗盘），准备校准。

打开地面站，USB 连接飞控，设置 COM 端口号和波特率，选择"连接"，连接成功后进入"初始设置"页面，展开左侧"必要硬件"，可以看到下列选项："机架类型""加速度计校准""罗盘""遥控器校准""飞行模式""故障保护"，下面将逐一校准上述选项。

Index of /Copter/stable

Name	Last modified	Size	Description
Parent Directory		-	
PX4-heli-hil/	2015-02-11 13:49	-	
PX4-heli/	2016-02-25 22:37	-	
PX4-hexa/	2016-02-25 10:13	-	
PX4-octa-quad/	2016-02-25 10:22	-	
PX4-octa/	2016-02-25 10:20	-	
PX4-quad-hil/	2015-02-11 13:49	-	
PX4-quad/	2016-02-24 14:27	-	
PX4-tri/	2016-02-25 10:26	-	
PX4-y6/	2016-02-25 10:28	-	

图 5-8 固件版本界面

Name	Last modified	Size	Description
Parent Directory		-	
ArduCopter-v1.px4	2016-02-24 14:27	573K	
ArduCopter-v2.px4	2016-02-24 14:27	643K	
ArduCopter-v4.px4	2016-02-25 09:41	611K	
git-version.txt	2016-02-24 14:27	190	

图 5-9 下载固件

a. 机架类型配置。在左侧"必要硬件"里的"机架类型"选择对应的机架，如图 5-10 所示。

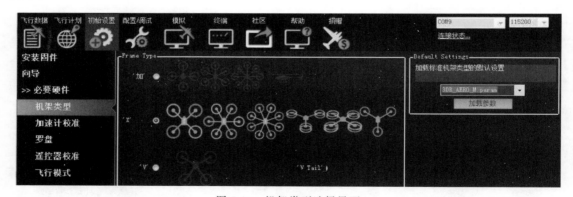

图 5-10 机架类型选择界面

b. 加速度计校准。点击左侧列表"加速度计校准"进入校准界面，按提示放置飞控（上下左右前后），每一步完成后点击绿色"Click When Done"按钮，所有姿态都完成之后，会显示校准成功。水平位置得到正确的结果是最重要的，这将会成为控制器飞行时的水平的姿态。重点在于在每步按下按钮之后不要立即移动飞行器。

具体校准步骤如下所述。

ⓐ 界面提示"Place vehicle level and press any key"，将飞控水平放置在平面上，飞控指针向前，如图 5-11 所示，然后点"Click When Done"。

ⓑ 下一步界面提示 "Place vehicle on its LEFT side and press any key"，将飞控箭头指向向左靠在盒子边沿，保持与水平面垂直，如图 5-12 所示，放稳后再点击 "Click When Done"。

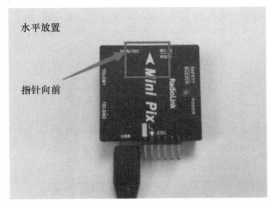

图 5-11　水平放置图

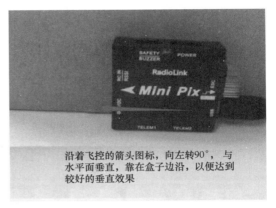

图 5-12　机头向左放置图

ⓒ 下一步界面提示 "Place vehicle on its RIGHT side and press any key"，将飞控箭头指向向右靠在盒子边沿，保持与水平面垂直，如图 5-13 所示，然后点击 "Click When Done"。

ⓓ 下一步界面提示 "Place vehicle nose Down and press any key"，将飞控箭头指向朝下靠在盒子边沿，如图 5-14 所示，然后点击 "Click When Done"。

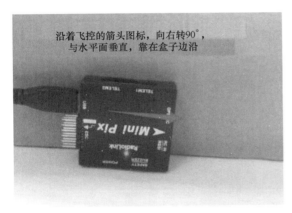

图 5-13　机头向右放置图

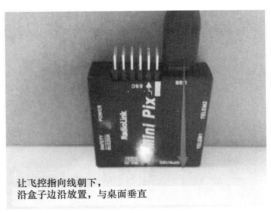

图 5-14　机头向下放置图

ⓔ 下一步界面提示 "Place vehicle nose UP and press any key"，将飞控箭头指向朝上靠在盒子边沿，如图 5-15 所示，然后点击 "Click When Done"。

ⓕ 下一步界面提示 "Place vehicle on its BACK and press any key"，将飞控的背面向上水平放在桌面上，保持飞控箭头指向向前，如图 5-16 所示，然后点击 "Click When Done"。

ⓖ 加速计校准完成，其界面如图 5-17 所示。

c. 罗盘（指南针）校准。用捆扎带或皮筋将 GPS 天线与飞控固定好，确保二者正表面上箭头方向的指向一致，注意一定要固定好，保证在后续的旋转过程中二者不能发生偏移。罗盘校准一般装机前后各进行一次。安装时 GPS 和飞控无特殊位置关系，美观方便即可。

让飞控箭头朝上，
靠着盒子边沿，与
桌面垂直

飞控正面朝下，保持
箭头向前，水平放置
在桌面上

图 5-15　机头向上放置图　　　　　　　　图 5-16　背面向上放置图

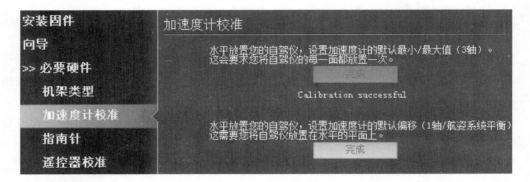

图 5-17　加速度计校准完成界面

点击"必要硬件"列表中的"指南针"，进行"手动校准"，指南针 1 和 2 设置使用默认设置，如图 5-18 所示。

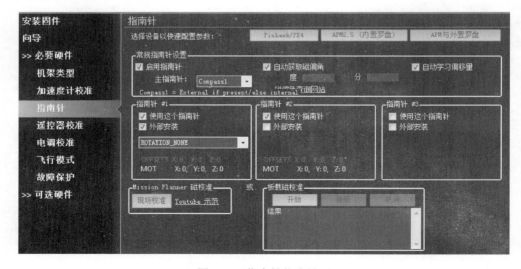

图 5-18　指南针校准界面

点击"现场校准"按钮，弹出对话框提示："将飞控绕所有轴做圆周运动"，点击"OK"。用手拿着飞控和 GPS 做各个方向的圆周旋转，让飞控采集修正数据，此时地面站显示如图

5-19 所示。不断旋转飞控指向，数据采集自动结束后弹出偏移量提示，因为 GPS 中有指南针，飞控中也有指南针，因此弹出两个偏移量提示，如图 5-20 所示，单击"OK"完成罗盘校准。如果觉得误差太大，可尝试重复校准一次。

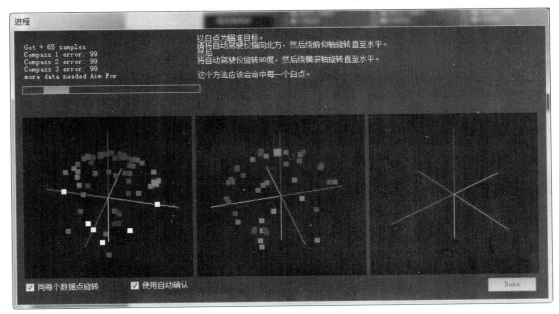

图 5-19　现场校准界面

d. 遥控器校准。遥控器校准需要飞控 RCIN 通道连接接收机，将飞控断电后按照规范（飞控正面放置时引脚从上至下依次为：－，＋，信号）要求的连接方法把接收机连接到飞控 RC 端口（本文使用 Futaba T14SG 标配接收机），进行遥控器校准。需要注意的是，接收机若接错，飞控会有烧毁的可能性。

ⓐ 方向校准。打开遥控器开关，打开地面站软件，与飞控进行连接，在初始设置中选择遥控器校准界面，如图 5-21 所示。

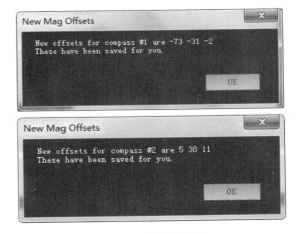

图 5-20　偏移量提示

需要注意的是，遥控器左右摇杆控制四个柱面，只有升降舵为反向。

正向：表示上下左右和摇杆操作一致，例如，向左打杆，输出变小，向上打杆，输出变大；反向：表示上下左右和摇杆操作相反，例如，向左打杆，输出变大，向上打杆，输出变小。

- 油门：左摇杆推到顶/左摇杆降到底——正向为正确。
- 方向：左摇杆打到最左/左摇杆打到最右——正向为正确。
- 横滚：右摇杆打到最左/右摇杆打到最右——正向为正确。

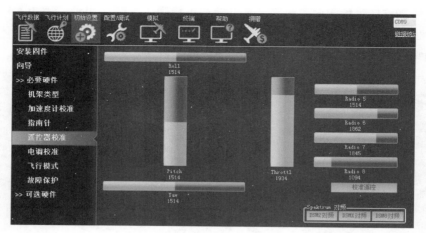

图 5-21 遥控器校准界面

• 升降：右摇杆推到顶/右摇杆降到底——反向为正确。

如果方向不正确，则需要在遥控器设置中将该通道设置为反向。

⑥ 行程校准。点击"校准"按钮，将遥控器左右摇杆重复打到最值，即左右摇杆在最大值上不停转圈，得到校准数据，如图 5-22 所示。操作完成后，弹出完成提示对话框，点击"OK"按钮后将弹出校准数据，如图 5-23 所示。

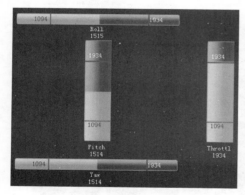

图 5-22 遥控器行程校准界面

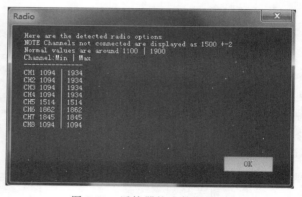

图 5-23 遥控器校准数据界面

e. 飞行模式设置。飞行模式设置非常重要，因为使用的飞控不一样会有不同的设置步骤，请参阅对应产品说明书。

PixHawk 有 6 个飞行模式可选，因此在飞控上选择一个 2 挡开关和一个 3 挡开关，进行关联设置，可组合得到 6 个不同挡位。当 2 挡开关处于第 1 挡位时：3 挡开关的 1/2/3 挡，分别对应模式 1/3/5；当 2 挡开关处于第 2 挡位时：3 挡开关的 1/2/3 挡，分别对应模式 2/4/6。

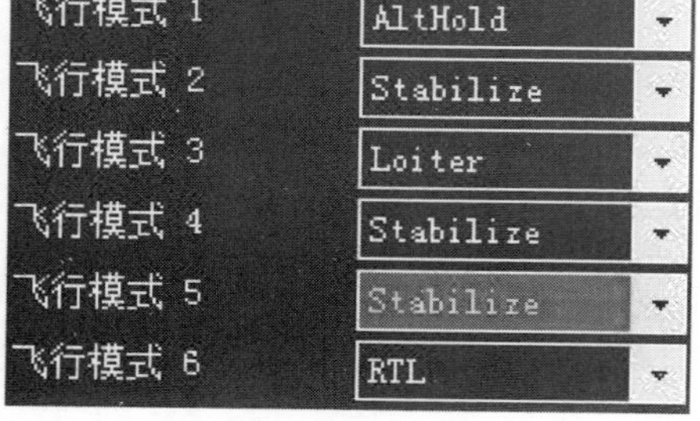

图 5-24 所示为初步设置的 6 个不同的模式，其中模式 6 建议设为 RTL，也就是"返航"模式。

f. 失控保护设置 失控保护，是当飞行器失控时自动采取的保护措施。触发飞控失控保护的条件

图 5-24 飞行模式设置

有两个：电量过低失控保护，如图 5-25 所示；遥控信号丢失保护（油门 PWM 过低），如图
5-26 所示。

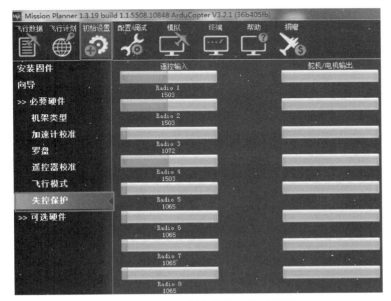

图 5-25　电量过低失控保护设置界面

图 5-26　遥控信号丢失
保护设置界面

5.3.2　多旋翼无人机遥控器和接收机调试

(1) 遥控器

遥控器是无人机的重要组成部件。遥控器上油门的位置在右边的是日本手，如图 5-27（a）
所示，遥控器上油门的位置在左边是美国手，如图 5-27（b）所示。遥控器油门，在四轴飞行
器当中控制供电电流大小，电流大，电动机转得快、飞得高、力量大，反之同理。判断遥控
器的油门很简单，遥控器 2 个摇杆当中，上下扳动后不自动回到中间的那个就是油门摇杆。

注：但也不排除摇杆有自动弹回的功能。

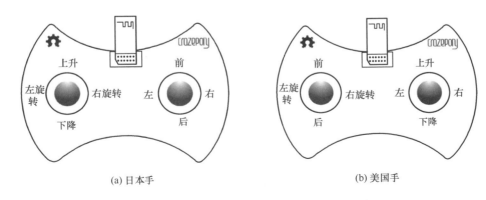

(a) 日本手　　　　　　　　　　　　　　　　(b) 美国手

图 5-27　遥控器

通道是指遥控器可以控制的动作路数，比如遥控器只能控制四轴上下飞，那么就是 1 个通道。但四轴在控制过程中需要控制的动作路数有：上下、左右、前后、旋转，所以最少需要 4 通道遥控器。如果以后需要航拍等功能，就需要更多通道的遥控器。

第一通道：一般指副翼（Aileron），用来控制固定翼的两片副翼，以改变飞机的姿态。在多旋翼里，用来控制和改变机身横滚方向的姿态变化。

第二通道：指升降（Elevator），用来控制固定翼的水平尾翼，使机身抬头和低头，从而上升下降。多旋翼里，升降通道是用来控制机身前进与后退的。美国手，右边摇杆向上推，机身向前飞行；向下拉，机身向后退。日本手则正好相反。

第三通道：指油门通道（Throttle），顾名思义，是用来控制发动机或电机转速的。美国手是左边摇杆的上下控制油门大小，摇杆向上推，电机转速增加，固定翼飞机飞行速度增加，多旋翼则是向上拉升。日本手遥控器则正好相反。

第四通道：指方向舵（Rudder），固定翼里是用来控制垂直尾翼的，从而改变机头朝向。多旋翼里也用于改变机头朝向，只是在飞的时候，更直观的感受是机身在做自旋转，所以，平时也大多叫方向舵为"旋转"。美国手是左边摇杆左右摆动控制机头朝向，这一点与日本手一样。

（2）接收机模式选择

接收机和遥控器紧密相关。遥控器操控无人机的各种控制信号通过无线遥控器内部电路变换成射频信号，通过天线发射出去；射频信号经过空中传播之后，会被无人机上的接收天线传送到接收机进行解调，最终会生成控制信号并发送到飞行控制器或伺服单元。

接收机的编码分为几种类型，常用的有 PWM、PPM 和 S. BUS 等。通常大多数遥控器能配对多种编码模式的接收机，有些接收机同时兼容两种编码模式。

接收机的编码模式是指遥控接收机输出的数据编码格式。对于多旋翼来说，遥控接收机的输出，一般直接输入到飞控中，由飞控对遥控发来的数据进行解码。对于固定翼或直升机，遥控接收机的输出，可能直接用来控制机械单元，如舵机。或者接专门的解码器，来控制多个舵机。

（3）接收机调试

① 接收机天线

a. 接收机天线尽量保持笔直，否则会减小有效控制范围。

b. 接收机天线要远离电机、电调和其他可能的干扰源。

② 对码　每个发射机都有独立的 ID 编码，开始使用设备前，接收机必须与发射机进行对码。对码完成后，ID 编码会存储在接收机内，不需要再次对码。

以乐迪 AT9 为例介绍对码过程。

a. 将发射机和接收机放在一起，两者距离在 1m 以内。

b. 打开发射机电源开关，RD9 接收机将寻找与之最近的遥控器进行对码，这是 RD9 接收机的特色之一。

c. 按下接收机侧面的（ID SET）开关 1s 以上，LED 灯闪烁，指示开始对码。

d. 当 LED 灯停止闪烁，遥控器上有信号显示时，并且操控遥控器时无人机有相应的反应，说明对码成功。

（4）模型选择和机型选择

模型选择是指一个遥控器配对多个飞行器的接收机，但同一时间只允许控制一个飞行器（安全考虑），也就是一个接收机，将每个接收机保存为一种模型。机型选择则是指每一个模式里面的机型，比如固定翼、直升机和多旋翼等。一般操作步骤如下。

① 设置　按住"MENU"键开机，进入"系统设置"模式，选择"机型参数选择"和"机型设置"选项，分别选择所有模型参数组中的一组参数和机型类型。

② 保存　选择方向键，确定选项后，按提示关机，直接保存。

乐迪遥控器模型选择如图 5-28 所示，机型选择如图 5-29 所示。

| 图 5-28　模型选择 | 图 5-29　机型选择 |

5.3.3　多旋翼无人机动力系统调试

本文主要以电动多旋翼无人机动力系统为例进行介绍。电动多旋翼无人机动力系统包括电池、电调、电机和桨叶，动力系统的调试主要是对电调进行调试。先做遥控器校准，再做电调校准。

① 电调校准　电调的校准方法有两种：同时校准和逐个校准。

a. 电调同时校准

ⓐ 安全检查，确保螺旋桨未安装、飞控 USB 未连接电脑、锂电池未连接，标志如图 5-30 所示。

图 5-30　安全检查

ⓑ 打开发射器，将油门推至最大，如图 5-31 所示。

ⓒ 连接锂电池，给飞控供电，如图 5-32 所示，此时飞控器红、蓝、黄 LED 灯循环闪烁，表示可以开始校准。

ⓓ 保持发射器油门最大，断开锂电池，如图 5-33 所示，再重新插上。

ⓔ 按下解锁开关，直到解锁开关亮红灯。

ⓕ 已进入校准模式。

ⓖ 记录最大油门位置。

ⓗ 将油门推到最小位置处，如图 5-34 所示。

ⓘ 记录最小油门位置已被捕捉，校准完成。

b. 电调逐个校准

图 5-31　发射器

图 5-32 锂电池连接　　　　　　　　　　图 5-33 锂电池断开

图 5-34 油门推到最小

ⓐ 确保螺旋桨、USB 都未连接。

ⓑ 将电调的数据线直接连接 RC 遥控接收器的油门通道。

ⓒ 打开发射器，将油门推至最大。

ⓓ 连接锂电池。

ⓔ 将油门推至最小。

ⓕ 电调校准完成；

ⓖ 断开电池。

② 电机测试　如果电调已经校准完成，接下来就可插上电池进行测试。注意：不要安装螺旋桨。

a. 确保发射器打到"自稳模式"。

b. 解锁。

c. 稍微加油门，电机会同时启动，以同样转速旋转。如果不同时、不同速，说明电调没有校准好。应先校准电调再返回测试电机。

d. 上锁。飞行器的解锁和上锁，是一种安全举措。飞行器起飞前，要进行解锁；飞行器落地后要上锁。飞行器的解锁、上锁通过遥控器操作完成。

5.3.4　多旋翼无人机飞行调试

飞行模式共有 14 种，常用的有 10 种，本文只对最常见的 6 种通用模式进行调试，具体如下。

(1) 自稳模式调试

自稳模式是最常用的飞行模式。根据在自稳模式下飞行的要点，得到自稳模式最佳飞行效果的调试方法。自稳模式下飞行的要点如下所述。

① 飞手用 Roll 与 Pitch 操作控制飞行器的倾斜角度，当飞手松开 Roll 与 Pitch 摇杆时，飞行器将会自动水平。

② 在有风的环境中，飞手需要不断地修正 Roll 与 Pitch 以让模型定点停留。

③ 飞手用 yaw 操作控制转向速率，当飞手松开 yaw 摇杆时，飞行器将会保持它的朝向不变。

④ 飞手的油门输入控制马达的平均转速，这意味着如果想保持高度，需要不断的修正油门。

⑤ 油门输入会根据模型的倾斜角度自动调整（比如在模型倾斜过大的时候会自动增大油门），以弥补飞手操作飞行器倾斜所带来的高度变化。

在进行其他模式的飞行之前，熟练掌握自稳模式下的飞行是必不可少的，强烈建议飞手在出现突然情况时能够迅速切回自稳模式，以避免事故。

在自稳模式中的飞控调试中，需要重点调试 PID 参数值，测试飞行器对于 Roll 和 Pitch

输入信号的响应速度，即飞行器操纵的跟手程度，以及实际与期望 Roll 与 Pitch 之间的误差。P 值越高，飞行器的修正与响应速度越快，但过高的 P 值将会导致飞行器前后震荡，类似于跷跷板似的动作；P 值越低，飞行器的修正与响应就会越慢，过低的 P 值将会当值飞行器反应缓慢，在有风的情况下甚至会导致坠机。Rate Roll/Pitch 的 PID 参数会影响马达的输出性能，可以采用自稳（角度）控制器期望的飞行器倾斜速率控制飞行器马达。这些参数与飞行器的自身动力相关，动力较大的飞行器一般需要比较小的 Rate PID 值。

在调试过程中需要查看自稳模式的性能，其最佳方法是读取在飞行时的闪存数据，然后用 Mission Planner 打开，绘制 Roll-In 和 DesRoll（预期横滚角度）对比 Roll（实际横滚）的曲线，以及 Pitch-In 和 DesPitch（预期 Pitch 角度）对比 Pitch（实际俯仰角度）的曲线，两条曲线如图 5-35 所示。可根据曲线对比情况作进一步调试。

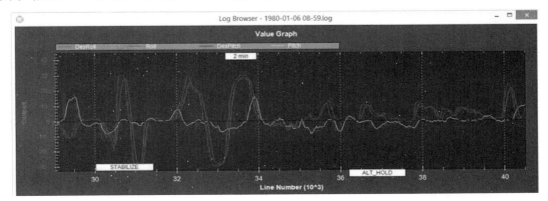

图 5-35　性能分析

在自稳模式调试过程中会出现一些常见问题，解决方法如下所述。

① 刚装的飞行器在起飞时秒翻，通常是由马达顺序错误、马达转动方向错误或者螺旋桨方向（顺时针或者逆时针）安装错误造成的，此情况下请检查飞控板的接线。

② 飞行器在 Roll 或者 Pitch 方向上来回晃动，通常意味着 rate P 值不对，请参阅上面的调参部分来正确调整参数。

③ 飞行器在快速下降时来回晃动，是飞行器在快速下降时螺旋桨的惯性转动所导致，这个问题没法完全解决，但增加 Rate Roll/Pitch P 值可能会有所改善。

④ 飞行器在起飞时向左或者向右自旋 15°，可能是因为某些马达没有垂直安装或者电调没有校准，请按前文所述进行正确安装或校准。

⑤ 飞行器老是在无风的环境中朝着某一个方向飘，请保存微调或自动调参以让飞行器水平。

⑥ 飞行器在空中无法定高或者完美的保持位置，在自稳模式下想要定高定点，必须修正飞行器姿态。

⑦ 在 Roll 或者 Pitch 方向偶尔会抽搐，通常是由于接收机被干扰（例如 FPV 设备离接收机太近）或者电调的问题（可能通过校准电调得到解决）。

⑧ 飞行过程中侧翻，这一般都是由电调或者马达的机械故障造成。

（2）飞行过程中侧翻

在高度保持模式下，可以在保持高度的同时允许控制 Roll、Pitch、Yaw。在高度保持模式（简称定高）模式下，主板会自动控制油门，从而保持高度不变。Roll、Pitch 和 Yaw

的操作与自稳模式一样，都是直接控制飞机的转动角度和朝向。

飞控使用气压高度计测试结果作为高度基准，如果在飞行区域的气压出现变化，飞行器的飞行高度将会受气压发化的影响而不准确，飞行高度就不是实际的高度。

注：除非另外安装了超声波测距，并且飞行高度小于 20 英尺（1 英尺＝0.3048m）。

操作手可以通过油门控制飞行器爬升和下降速率。具体控制过程如下所述。

① 油门位于中间死区（40％～60％），飞行器会保持当前高度。

② 当油门位于最小位置时，飞行器会以 2.5m/s 速度下降，当油门位于最大位置的，飞行器会以 2.5m/s 速度爬升，通过 PILOT_VELZ_MAX 参数可调节此值。

③ 修改 THR_DZ，可以调节死区大小（AC3.2 以上版本适用）。参数值介于 0～400 之间，0 表示无死区，100 表示死区为±10％，400 表示死区±40％。

在定离模式下需要调节的参数如下所述。

① Altitude Hold 参数：P 为高度调节增益，也就是高度差（目标高度与实际高度）所对应的飞行器期望爬升（或下降）速率。P 越大，定高能力越强，P 过大，会造成反应过猛。

② Throttle Rate 参数：P \ D \ 油门开度，对应爬升或下降的加速度，不需要调节。

③ Throttle Accel PID 参数：主要将目标加速度和实际加速度差转化为电机输出，P：I 一般保持在 1：2 的关系。对于动力强劲飞行器得减小 50％，这样可能会获得更好的效果（即采用 P 值为 0.5，I 值为 1），参数设置界面如图 5-36 所示。

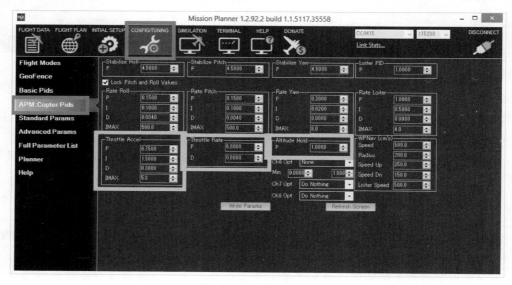

图 5-36　参数设置界面

在调试过程中检查高度保持的性能，最好的方法是从飞行器上下载飞行日志，然后用 Mission Planner 打开，图形化 CTUN 信息有气压高度（BarAlt）、目标高度（WPAlt）、最后是 GPS 信息的 RelAlt。定高性能正常情况下，数据曲线如图 5-37 所示。可根据此曲线对定高模式下的无人机作出正确调试。

在定高模式下常出现的问题及解决方法如下所述。

① 使用定高模式时，剧烈振动可能导致飞行器迅速上升。

② 飞行器缓缓下降或上升，直到控制其稳定才会正常。这种情况是由于油门摇杆没有在中间位置导致的。这种情况通常发生在从手动飞行模式（如稳定模式）切换到定高模式

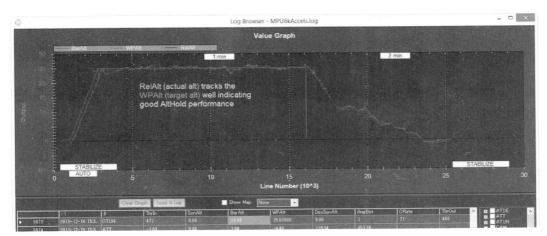

图 5-37　飞行闪存日志中定高模式性能曲线

时，没有在中档悬停一会而导致的。

③ 定高模式开启的时候，电机停了一下，然后就很快恢复正常。这通常发生在快速攀爬时进入定高模式。在飞行器转换到定高模式的时候会设定目标高度，但由于上升太快超出了预定位置。保持高度的控制器，暂时"急刹车"减速，直到开始退回到目标高度。解决方法是在飞行器稳定时再进入定高模式。

④ 在地面站显示的高度不准确，偶尔会出现负高度。这是由于气压的发化会造成飞行器跑偏，向上或向下几米且持续很长的时间。

⑤ 高速向前飞行超出预定高度后，瞬时显示高度降低 1~2m。这是由于空气动力学效应，在飞行控制器上形成瞬时低压，高度保持控制器认为它是向上爬，所以执行下降命令调整。

⑥ 飞行器接近地面或降落时，高度保持性能变得不稳定。这种情况可能是由螺旋桨涡流导致压力变化。解决方案是使飞行控制器远离螺旋桨涡流影响，或在适当通风的罩内保护它。

⑦ 强光照射气压计会引起突然的高度变化。

要想保持悬停模式足够的性能，足够的功率是必不可少的，如果没有足够的功率，控制器就会和电机争电用，这会导致飞机飞不到想要的高度。理想情况下，约 50％ 油门就可以悬停，高于 70％ 就很危险，如果配置了混合指数会增加定高油门的死区。

（3）悬停模式调试

悬停模式下，飞控器会自动保持飞行器的位置、方向、高度不变，GPS 安装、罗盘抗干扰、机架震动都会对悬停性能产生影响。悬停模式下的控制具有以下特点。

① 操控者使用控制杆，控制飞行器的水平位置和垂直高度。

② 水平位置可以用 Roll 和 Pitch 控制杆调节。当操控者放开摇杆，飞行器会缓慢降速，直到停止。

③ 同定高模式一样，通过油门杆控制高度。

④ 通过 Yaw 控制杆控制方向。

在 Mission Planner 双击快速查看窗口（Quick Screen），定高值会在右边检查框清楚地显示出来。快速查看窗口如图 5-38 所示。

悬停模式下主要是进行参数的设置，具体如下。参数设置界面如图 5-39 所示。

① 最大水平速度设置。

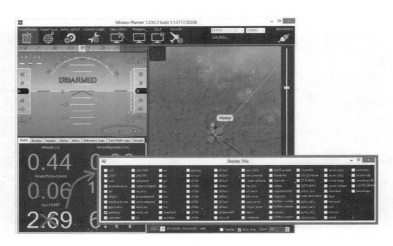

图 5-38 快速查看窗口

② 将目标位置实际位置差转化成目标速度。

③ 将目标速度转化成目标加速度。

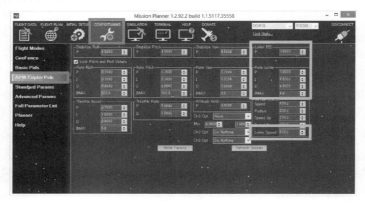

图 5-39 参数设置界面

在调试过程中查看悬停水平的性能，最好的方法是从飞行器下载闪存日志，用 Mission Planner 打开，查看 NTUN 曲线图信息：DesVelX 曲线与 VelX 曲线和 DesVelY 曲线与 VelY 曲线。在飞行器性能良好时，实际速度和期望速度曲线对比如图 5-40 所示。可以以此曲线为依据对悬停模式下的无人机作进一步调式。

悬停模式是定高模式和高度控制的结合。其调试过程中的常见问题及解决方法如下。

① 模型转圈，通常是由于罗盘问题，最有可能是由飞行控制器下的电源电缆电磁干扰导致的。

② 模型一进入悬停模式，就飞错方向。原因和问题①相同，且罗盘误差大于 90°。

③ 模型正常悬停时，突然乱飞。这通常是由于 GPS 短时脉冲干扰。在飞行前，需要设置安全的定高值，以减少悬停带来的安全隐患。

(4) 返航模式调试

当切换到返航模式时，默认情况下，在返航之前，飞行器会首先飞到至少 15m 的高度，如果当前高度更高，就会保持当前高度。

返航是依赖于 GPS 的动作，因此在试图使用这个模式之前，应完成 GPS 定位。返航将

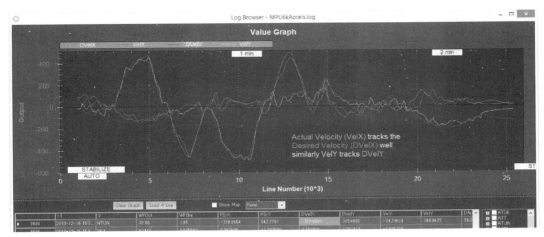

图 5-40　飞行闪存日志中悬停模式性能曲线

命令飞行器返回解锁时的位置，解锁位置应该是飞行器的 GPS 实际起飞位置，没有障碍物并且远离人群。

在返航模式下，飞控主要使用测量空气压力的气压计决定高度（"压力高度"），并且如果在飞行区域内气压改变，飞行器会随着气压而不是真实高度去改变高度。

（5）自动模式调试

在自主（自动）模式下，飞行器将会按照任务脚本飞行，需预先编写并储存在自动驾驶仪上，包含自主导航航点、命令、事件。任务脚本可以是一组航点，也可以是非常复杂的动作，如起飞、旋转 X 次、照相等。

自动模式依赖于 GPS 模块，因为任务脚本依靠 GPS 获得位置信息，所以在解锁和起飞之前必须让 GPS 先定位。始终确保在自动驾驶仪和 GPS 模块上的 LED 灯显示的是"GPS已完成定位"。

目前有两种方法进入自动模式：在空中或者在地面上。如果从地面使用自动模式起飞，需要安全装置防止任务脚本执行，直到解锁然后首次抬高油门，防止在不小心碰到模式开关时飞行器就起飞的现象。从地面使用自动模式起飞时，会将最近一次的定高油门值作为油门控制的基准。在空中的时候切换到自动模式，会使飞行器前往第一个目标高度，然后开始执行当前的任务脚本。

任务脚本完成之后，飞行器不会"飞回家"，它只会悬停在最后的脚本所在位置，直到通过模式开关重新获得控制。如果想要手动降落然后锁定电机（比预编程的自动降落命令更好），必须切换到自稳模式飞回到返回地。使用自动模式的时候，选择一个希望飞行器返回的位置（没有障碍物并且远离人群）来解锁非常重要。不能在自动模式手动降落，因为此时是由油门摇杆控制高度，并不是直接控制电机。

自动模式的调试内容主要包括以下两方面。

① 设置两个航点间的飞行速度，两个航点间的默认速度为 6m/s。

② 设置飞行器在两个航点间保持期望的飞行速度，包括用于倾斜飞行器以达到期望飞行速度的速率和用于补偿飞行器达不到期望速率的力。

（6）降落模式调试

降落模式可让飞行器垂直下降，下降过程中（或是直到声呐检测到了飞行器下面有东西之前）使用常规定高控制器，可通过 Mission Planner 修改参数，如图 5-41 所示。

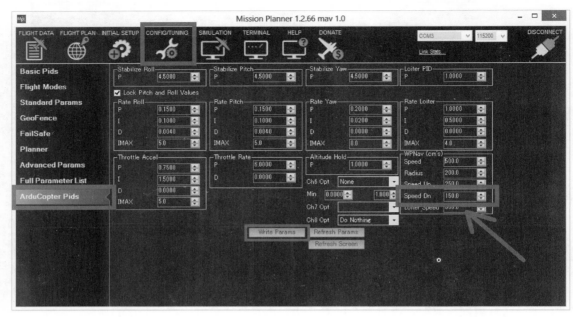

图 5-41　参数设置界面

在 10m 内，飞行器会以 LAND_SPEED 参数规定的速率下降，如图 5-42 所示。

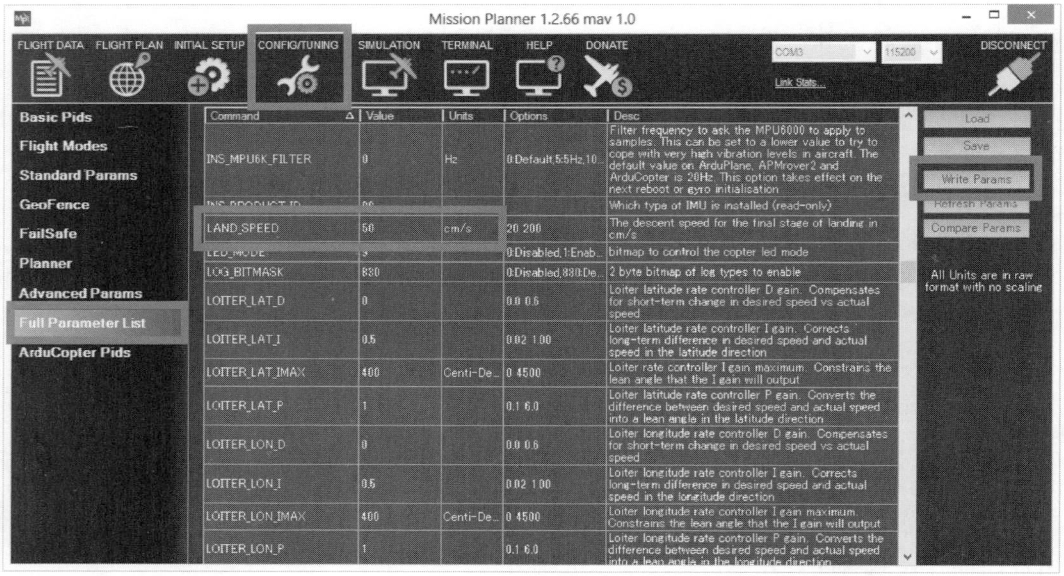

图 5-42　LAND_SPEED 参数

　　到达地面，如果飞手的油门位于最低，飞行器就会自动关闭电机并锁定飞行器。如果电机转速最小，且爬升速率在 −20cm/s 至 ＋20cm/s 之间，一秒钟后 APM：Copter 就会识别为已降落。它不是用高度判断是否关闭电机，除非飞行器低于"家"的高度 10 米多。

　　如果在落地或者关掉螺旋桨之前，飞行器出现上跳或像气球一样回升的话，尝试降低一点 LAND_SPEED 参数。

如果模型的 GPS 已经定位，降落控制器会尝试控制它的水平位置，但是飞手可以调整目标水平位置，就像是在悬停模式一样。

如果模型的 GPS 并没有定位，水平控制的工作方式就会像是在自稳模式一样，但是飞手可以操控飞行器 Roll 和 Pitch 的倾斜的角度。

警告：在任何基于高度保持的模式中，包括高度保持、悬停、自动、自动降落、回家，当你的飞行器接近地面或者降落时，如果飞行器的运行变得很不稳定（或是自动降落过程中有跳动，或者降落后不能正确的关闭电机）。这是因为飞行器螺旋桨的气流与地面作用会产生压力，在此位置，你的飞控的气压计（高度计）可能会受到影响。

这很容易识别出来，只要看一下记录中的高度计读数，看看在接近地面时是否有峰波或是震荡。如果有这个问题，将飞控移出受螺旋桨气流影响的地方，或是用通风的外壳罩住它。可以通过飞行测试或是日志记录的结果判断是否成功。

(7) 飞行解锁和上锁

① 解锁

a. 开启 RC 遥控发射器。

b. 插上电池，陀螺仪自检，这时红蓝灯会闪烁数秒，请不要动无人机。

c. 预加载安全检查自动运行。

d. 检查飞行模式开关处在"自稳模式""手动模式""高度保持模式"或"悬停模式"。

e. 按下解锁开关（安全开关）。

f. 如果使用 Autopilot（自动驾驶，例如 Loiter、RTL、Drift、Auto or Guided Modes），要等待 30s，等待 GPS 位置锁定。

g. 将油门（throttle）拉下，并转向右，保持 5s；首次需要花费 5s；因为要重新初始化陀螺仪和气压计。

h. 加载成功，调节螺旋桨转动速度。

i. 推动油门，起飞。

② 上锁

a. 确认飞行模式处在"自稳模式""手动模式""高度保持模式"或"悬停模式"。

b. 拉下油门，并下转向左，保持 2s。

c. Pixhawk 版本绿灯闪烁。

d. PX4 版本，按下安全开关直到 LED 灯开始闪烁。

e. 断开电池。

f. 关闭 RC 发射器。

5.4　固定翼无人机的调试

固定翼无人机组装完成后，为了保证无人机具有良好的功能和性能，同时满足飞行及功能要求，必须对无人机进行合理的调试，调试工作关系着无人机的飞行性能和人机安全。

5.4.1　固定翼无人机调试前检查

(1) 机翼、机身、尾翼相互位置的检查

固定翼无人机组装好以后，从正上方俯视并从后向前分别检查主要部件相互位置、角度和尺寸是否正确。尤其注意机翼的上反角和下反角、发动机的右拉角和下拉角。

① 重心位置检查　重心位置关系到无人机的安全性和稳定性，一定要保证重心平衡。测试时用手指拖住机翼下方翼梁处并前后移动，当机身呈水平时，手指处就是重心位置。做好标记后，测量其距机翼前缘的距离，然后再除以平均翼弦长度，就可以算出重心在翼弦上的百分数，一般练习机为 25%～30%。如果重心位置不对，可以通过前后移动电池或接收设备的方法调整重心。

② 机翼平衡检查　如果机翼两侧重量不平衡，会造成偏航。可用一只手持螺旋桨轴，机身尾部放在箱子上，观察机翼下沉侧，进而调节平衡。可通过调整电池和接收机的位置来调节平衡，在条件允许的情况下，还可以通过增加重量来调节平衡。

(2) 发动机拉力线的检查

一般发动机安装时要有向右或向下斜的角度，即右拉角和下拉角。右拉角是为了克服右螺旋桨的反作用力和滑溜对尾翼的作用导致的偏航，右拉角一般为 1.5°～2°。下拉角是为了使拉力线通过阻力中心或重心，当发动机转速变化、功率增加时，不会产生抬头力矩。上单翼阻力中心较高，因此下拉角也大，一般为 2°～5°；下单翼下拉角小，一般为 0°～2°。

发动机机架一般都有向右和向下倾斜的角度。在试飞过程中做直线飞行时若发现右拉角和下拉角偏大或偏小，返航后可松开发动机的紧固螺钉，纠正拉力线。

(3) 起落架机轮的检查

用手指捏住垂直尾翼，向前推，其在地面上滑行呈直线且不偏斜即可。如果偏斜就要纠正起落架和机轮。

(4) 舵面操纵机构和舵面偏转舵角的检查

① 各操纵舵面连杆必须具有一定的刚性，以保证在舵面受力时连杆不会弯曲，否则会造成舵量不够。

② 舵机、连杆、连杆两端的钢丝接头，舵面上的摇臂、夹头，都应固定牢靠、不松动。

③ 舵面动作的角度偏大或偏小都会影响操纵性，偏大会使操纵反应过快，偏小会使反应迟钝。舵面摇臂连接连杆的孔应与舵面接缝成一直线。舵机摇臂中立位置不能偏斜，否则会出现差动，导致舵面偏转的动作量不一致，影响控制。可通过改变连杆钢丝弯头在舵盘（或摇臂）上插孔的位置来调整舵面，插孔离舵机转盘越远舵面动作角度越大；反之越小。通过连杆连接舵面一端的舵角孔的位置来调整，孔越靠近舵面，舵面动作角度越大，反之越小。

④ 舵面动作要灵活，操纵连杆不能与其他部件相互干扰，否则会出现卡死的现象。

⑤ 检查舵面动作方向是否与操纵连杆动作方向相对应。

⑥ 遥控设备的检查　遥控接收机和舵机应能正常工作，不出现跳频；检查遥控器电量。

5.4.2　固定翼无人机飞控系统调试

(1) PID 调参

PID 调参内容与多旋翼无人机调试内容一样，详见 5.3.1 节。

(2) 固定翼飞行控制器调试

根据加载的固件类型不同，所适配的地面控制软件也不同，有的地面控制软件可以兼容多个类型的飞控固件。固定翼飞控调试的基本流程如下。

① 加载固件

a. 下载安装 Mission Planner 地面站，MP 地面站更新较为频繁，下载最新的版本即可。

b. 加载无人机固件，如图 5-43 所示。

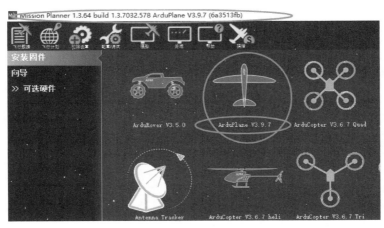

图 5-43　固件选择

② 加速度计校准

a. 将飞控和地面站电脑连接，选择对应的串口进行连接；

b. 选择"初始设置"《"必要硬件"》"加速度计校准"，如图 5-44 所示；

c. 在水平面根据提示进行六面校准，可以用烟盒绑定，确认一面的话按任意键校准下一面，此步骤最好在飞控焊线前完成；

d. 飞机总装完成后，顶住飞机的重心，飞机保持水平后，再做一次水平校准。

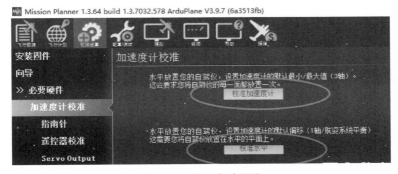

图 5-44　加速度计校准

③ 指南针校准　固定翼飞行通常通过 GPS 指向，在指南针选项里把所有勾都去掉，禁用指南针，如图 5-45 所示。固定翼无人机不需要地磁罗盘，因为地磁罗盘是在飞行器悬停原地不动的时候便于飞行器指向的，固定翼一直在往前飞，GPS 罗盘一直能指向，不需要地磁罗盘。

④ 遥控器校准　根据提示进行校准，如图 5-46 所示，点击右下角"校准遥控"按钮开始校准。校准内容包括：摇杆设定副翼、升降、方向为逆向，油门为正向。

⑤ 舵机设置　也就是舵机和对应的插针设置，参数设置界面如图 5-47 所示。

a. 通道设为 Throttle 油门，对应飞控上的针脚；

b. 通道禁用；

c. 通道设为 ElevonLeft，接左副翼舵机；

d. 通道设为 ElevonRight，接右副翼舵机，勾选右副翼舵机反向。

以上改动在全部参数表里面的体现如下，注意所有改动后都要写入参数。

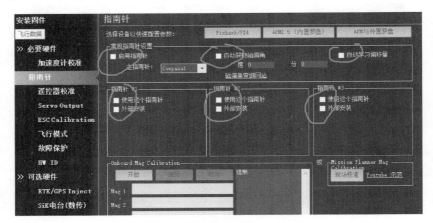

图 5-45　指南针校准

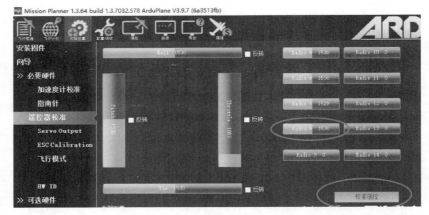

图 5-46　遥控器校准

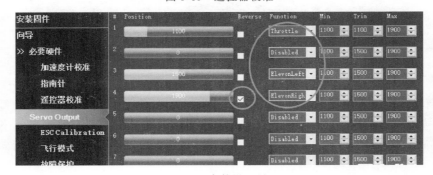

图 5-47　参数设置界面

　　静态下，如果飞机在自稳模式的舵面方向不对，就勾选相应的取反选项；如果飞机自稳舵面方向是对的，就调节遥控器相应通道的正反。

　　⑥ 电调校准　建议在无人机总装完成在进行电调校准，因为通常固定翼无人机固件默认搜到卫星才能解锁。电调校准界面，如图 5-48 所示。

　　将飞控调到手动模式，依次按照以下环节进行操作：油门最高、电池上电、断电、保持最高油门再上电、听到电调滴滴两声后油门最低，校准完成，然后再按要求恢复解锁的设定。

不能校准的原因：没有解除固定翼必须搜星才能解锁、没有解除打杆解锁或者是遥控器没校准好。

如果电调校准后发现手动模式下遥控器设置一半油门而电机并没到一半转速的时候，上调基本调参里的油门中立值，滑块右拉，但不要调太大。

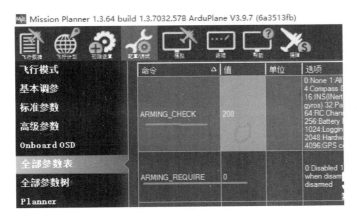

图 5-48　电调校准界面

⑦ 飞行模式设置　用两段开关和三段开关的组合实现 8 通道控制 6 种飞行模式，详见遥控器设置，设置界面如图 5-49 所示。当两段在上时，8 通道的三段开关从上往下依次是手动（Manual）、自动调参（AUTOTUNE）、自动（Auto），两段开关依次是自稳（FBWA）、定高定向（CRUISE）、返航（RTL），手动和返航是必须设置的，其他模式随意，自动调参完成后把 AUTOTUNE 改为特技模式（Acro），以实现翻滚和倒飞。Acro 模式也可以保持高度。

⑧ 失控保护设置

a. 地面站中设置失控保护，把飞行模式打到返航（RTL）；

b. 然后故障保护 PWM 设置为 1050，勾选"油门故障保护"，如图 5-50 所示；

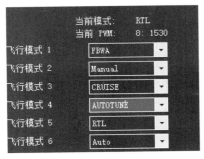

图 5-49　飞行模式设置

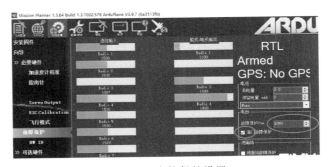

图 5-50　失控保护设置

c. 然后将遥控器打到其他模式，关闭遥控器，看地面站或 OSD（On-Screen Display，即屏幕菜单式调节）的飞行模式有没改变，关控后飞机会先进入 CirCle 盘旋模式几秒，然后再自动返航。

d. 返航模式（RTL）下设置返航高度，在全参表中，ALT_HOLD_RTL 默认返航高度

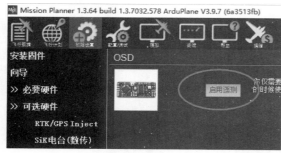

图 5-51　硬件选择

是 100m，可以根据实际需要进行设置。

e. 剩余电量失控保护，可以设置电池电压。

⑨ OSD 设置

a. "初始设置≫可选硬件≫OSD"，点击"启用遥测"按钮，如图 5-51 所示；

b. "配置调试≫板载 OSD≫根据需要"，对着图传屏幕根据实际需求设置 OSD 界面，如图 5-52、图 5-53 所示。

图 5-52　参数设置

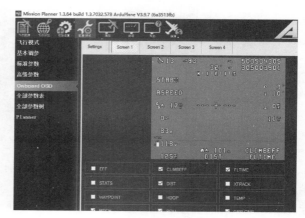

图 5-53　显示界面

⑩ 油门和航速设定　巡航油门，是指维持飞机平飞的最低油门，一般来说，远航都是飞巡航模式，定高定向，这个油门就是维持平飞的基本油门值，和多轴油门中位悬停的意思差不多，油门摇杆处于中位，就是以这个值为基本速度进行飞行，中位以上就是加速，中位以下就是减速。油门和航速参数设置界面如图 5-54 所示。

⑪ 打杆解锁设置　全参设置界面如图 5-55 所示，表示飞控解锁时无需对罗盘和安全开关检查。

设置解锁参数：ARMING_REQUIRE＝1，ARMING_RUDDER＝1，如图 5-56 所示，这两项表示飞控自检通过，已经搜到 6 颗以上星时，油门杆右下保持几秒即可解锁，即遥控器的油门最低方向最右（不论飞翼有没有方向通道，只要遥控器有就行）。

⑫ 空速计设置　常用的空速计的接线如图 5-57 所示。

a. 连接好空速计后，将飞控 USB 线和地面站相连（在此之前最好不要给飞控供电）。

b. 地面站设置"初始设置≫空速≫勾选使用空速"。

c. 在"动作"里面，找到"PREFLIGHT_CALIBRATION"，堵住空速计的管，点击"执行动作"，进行初始校准，界面如图 5-58 所示。

d. 空速计设置和初始设置完成后，到了飞行场地还需要再做一次空速计的初始校准，必须先校准空速再做自动调参。

（3）遥控器和接收机调试

遥控器和接收机调试详见 5.3.2 节内容。

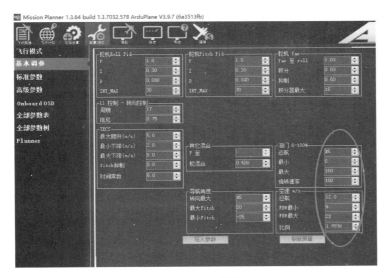

图 5-54　油门和航速参数设置界面

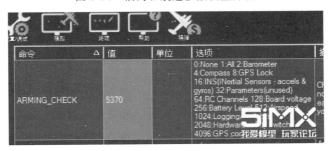

图 5-55　全参设置界面

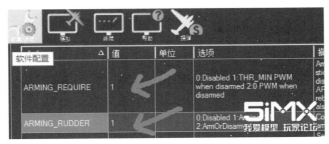

图 5-56　解锁参数设置界面

图 5-57　空速计的接线

图 5-58　空速计校准界面

① 固定翼无人机遥控器设置

第一步，按 MENU 键开机，将遥控器还原为出厂设置，将控制杆类型设置为固定翼类型，如图 5-59 所示。

图 5-59　遥控器的出厂设置

第二步，正常开机，设置副翼、升降、方向、辅助等参数，如图 5-60 所示。

第三步，舵角设置，如图 5-61 所示。

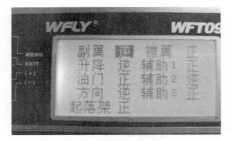

图 5-60　常用设置界面

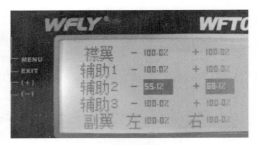

图 5-61　舵角设置界面

第四步，辅助微调设置，如图 5-62 所示。

第五步，辅助通道设置，如图 5-63 所示。

图 5-62　辅助微调设置界面

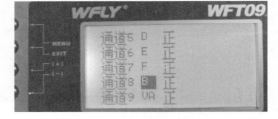

图 5-63　辅助通道设置界面

第六步，进行高级设置，采用可编程普通混控，如图 5-64 所示。

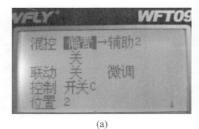

(a)

(b)

图 5-64　高级设置界面

第七步，结合地面站进行调试，检查下飞控的飞行模式对应的 PWM 值是不是在要求的区间内。

② 舵机行程量设置　舵机行程量是指在一定范围内调节舵机的动作角度。在固定翼无人机里当改变连杆连接头不能达到正确的行程时，可通过"双向动作行程比例"调整来"精确"调整舵机两个方向的行程，可执行最灵活的行程调整，如图 5-65 所示。

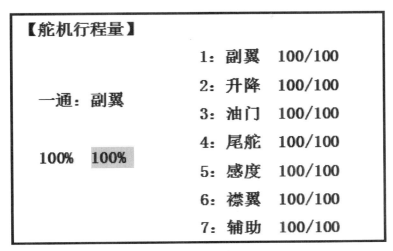

图 5-65　舵机行程量设置

5.4.3　固定翼无人机动力系统调试

固定翼无人机动力系统调试与多旋翼动力系统调试基本一致，详见 5.3.3 节内容。

5.4.4　固定翼无人机飞行调试

飞行调试详见 4.3.4 节内容。

5.4.5　调试过程中常见的问题

(1) 硬件问题

① 测试接收机，发现接收机没有直接的输出，更换接收机后，发现依然不行，且指示灯出现时亮时不亮的情况，通常是电源模块出了问题。

② 在解决电源模块问题后，发现电机不转，但副翼可以动，可将电源直接连电调，测试其是否有问题。

③ 如果电机出现慢慢的滴滴声，说明是没有 PWM 信号，但是有电源输入；如果出现很慢慢的滴滴声，则说明有 PWM，但是没有电源输入。

(2) 飞行问题

① 飞机副翼、方向、升降舵面偏角过大，导致在操纵方向舵与升降舵时，多次出现舵面失速导致飞机姿态发生剧烈变化。

对于这个问题，一个原因是飞机本身问题，舵面过大，不易于操作，另外建议在地面站手动模式下设置各个舵面的最值，使舵面偏转角度正负不超过 30°。

② 飞机进入自稳模式后，机动性能很差，在关键时刻无法按飞行员的意图及时将飞机

带出危险的境地。

对于这个问题，需要调整飞控在增稳模式下对飞机姿态的限制，增大飞机可使用俯仰角与滚转角，提高其在增稳模式下的机动性，通常需要对 PID 值进行调整。

本章小结

本章主要讲述了无人机系统的调试，包括多旋翼无人机调试和固定翼无人机调试的相关内容。从无桨调试和有桨调试两方面阐述了无人机调试的操作原则。多旋翼无人机的调试内容主要有：飞控系统的调试，包括 PID 调参、地面站软件的安装和飞控的校准等；接收机的模型、机型选择、控制方式选择及接收机的调试方法；动力系统的调试，包括电调的调试、无人机飞行模式的设置和调试。固定翼无人机的调试内容主要有：系统的控制功能和实现方式，固定翼无人机正式调试前的准备检查工作，飞控系统、动力系统和飞行方式调试及常见问题分析。

课后习题

一、填空题

1. 无人机开机顺序为先开启_____，后开启_____；关机顺序为先关闭_____，后关闭_____。

2. 根据调试过程中是否需要安装螺旋桨，可分为_____调试和_____调试。

3. 电调的校准方法有两种，分别为_____和_____。

4. 当无人机飞行时，如果低于目标飞行高度，可以通过飞控控制油门_____，引起空速增加，通过飞控控制拉杆，提升飞行高度，使无人机上升。

5. 当空速低于目标空速后，在当前油门的基础上_____油门，当前空速高于目标空速后，在当前油门的基础上_____油门。

6. 用两段开关和三段开关的组合可实现_____通道控制。

二、简答题

1. 无人机调试操作主要包括哪几部分？

2. 当对多旋翼无人机在进行调试时，根据调试过程中是否需要安装螺旋桨，可分为无桨调试和有桨调试，请分别简述其调试过程。

3. 无人机在进行 PID 调节时，当 P、I、D 过大或过小时会出现什么问题？

4. 简述多旋翼无人机飞控 PID 调参步骤。

5. 简述多旋翼无人机飞控软件调试过程。

6. 列举几种无人机常见的飞行模式。

7. 简述固定翼无人机各部分在飞行控制过程中的功能。

8. 简述固定翼无人机飞控调试的过程。

第**6**章

无人机检修

无人机检修是无人机检查维修的简称，指为使无人机保持和恢复到规定状态所进行的检查、维护、修理和管理工作的统称，包括养护、修理、改装、大修、检查以及状态确定等。大部分情况下，检查维护和修理不能决然分开，检查维护过程往往伴随必要的修理，修理过程必然伴随着检查维护，统称为检修。

检修作业主要是由保养、预防性维修和修复性维修等工作组成。保养是指为保持无人机固有设计性能而进行的表面清洗、擦拭、通风、添加油液或润滑剂、充气等工作；预防性维修是通过对无人机系统性检查、设备测试和更换设备等防止功能故障发生，使其保持在规定状态所进行的全部活动；修复性维修是指无人机发生故障后，使其恢复到规定状态所进行的全部活动。

6.1 无人机的检查保养

无人机必须注意日常保养，才可以大幅延长使用寿命，飞行也会更加安全。一个柔软的小清洁刷用于清除可能陷入无人机缝隙中的沙尘，可以用清管器代替；气瓶或者气球可以用于清除无人机"敏感部位"的尘垢，如电机或电路板旁边的尘垢，不会损坏无人机；异丙醇可以去除污垢、草渍、血液等各种顽渍，不会损坏电路；柔软布料可以和异丙醇协同工作；在放飞无人机之前一定要携带一瓶三合一多用途润滑剂，以防临时需要。水、雨、沙尘等作为对无人机影响最大的自然杀手，对无人机具有很大的"杀伤力"。虽然无人机不会沾水即坏，但一般无人机产品目前还不具备防水功能，若不及时对无人机清理保养，日积月累会产生严重的影响。

6.1.1 无人机机身保养

目前大多数无人机采用碳纤维材料作为机身，在保护无人机内部电路不被外界环境腐蚀的同时，一般也设有散热孔。有时候正是这些小的孔隙恰恰让机身受到腐蚀难以清理。

① 检查飞机机身螺钉、螺栓等是否出现松动，机身结构上飞机机臂是否出现裂痕破损，如有裂痕，尽量更换或者寄回厂家进行检测维修。

② 检查减震球是否老化（减震球外层变硬或者开裂），如果减震球老化应及时更换，避免影响航拍效果。

③ 检查 GPS 上方以及每个起落架的天线位置是否有影响信号的物体（如带导电介质的贴纸等）。

④ 检查可变形系统机架结构，形变组件在变形过程中是否正常顺滑，影响其变形的污

染异物需要及时清理，组件若有损请及时返修。

⑤ 尽力避免在沙土或者碎石等有小颗粒存在的环境下起飞，如果实在没有办法，在此次无人机飞行之后尽快清理孔隙周围，以减轻对机身以及内部的腐蚀。

⑥ 不建议在雨雪天气或者雾气较大的天气使用无人机，若无法避免，尽快使用完毕，断电擦干，风干一阵或者放到防潮箱吸潮，确定湿气除净后再使用。

6.1.2　无人机电机保养

① 清擦电机。及时清除电机机座外部的灰尘、淤泥，如使用环境灰尘较多，最好每次飞行之后清扫一次。

② 检查和清擦电机接线处。检查接线盒接线螺钉是否松动、烧伤。

③ 检查各固定部分螺钉、螺栓等，将松动的螺母拧紧。

④ 检查电机转动是否正常。用手转动转轴检查是否灵活，有无不正常的摩擦、卡涩、窜轴或异常响声。同时检查电机上各部件是否完备。

⑤ 若通电之后，某个电机不转或者转速很低，或有异常响声，应立即断电，若通电时间较长，极有可能烧毁电机，甚至损坏控制电路。

6.1.3　无人机螺旋桨保养

螺旋桨是无人机快速消耗设备之一，在日常飞行过程中，更应该多加注意。每一次飞行前后都应该检查桨叶外观是否有弯折、破损、裂缝等，只要有问题的螺旋桨，请弃用更换。

6.1.4　无人机云台相机保养

① 使用一段时间后，建议检查下排线是否正常连接。

② 金属接触点是否氧化或者污损（可用橡皮擦清洁）、云台快拆部分是否松动、风扇噪音是否正常。

③ 要注意不要用手直接触摸相机镜片，被玷污后可用软布蘸镜头清洁剂轻轻擦去污渍。

④ 系统通电之后，检查云台电机运转是否正常。

6.1.5　无人机遥控器保养

① 不要在潮湿、高温的环境下使用或放置遥控器，因为那样很容易使遥控器内部元件损坏，或加速遥控器内部元件的老化，也会造成外壳变形。

② 避免让遥控器受到强烈的震动或从高处跌落，以免影响内部构件的精度。

③ 注意检查遥控器天线是否有损伤，遥控器的挂带是否牢固以及与航拍器连接是否正常，如果遇到不能解决的情况请及时联系售后处理。

④ 在使用或者存放过程中，尽力不要"弹杆"。

⑤ 检查遥控器的各个接口处是否有异物或者接触不良的情况。

⑥ 注意遥控器的电量。

6.1.6　无人机电池保养

无人机电池和手机电池一样都是锂电池，是设备的动力来源，对其安全性能要求也高一些。但二者又存在差异，无人机电池较手机电池比有一个显著的特点——放电，无人机电池需要放电，以此来满足无人机在不同环境下的使用要求，例如航拍时，如果遇到一阵强风，那么需要电池能做到大电流放电做出相应的补偿，以保证无人机的位置。因为使用要求的不同，所以无人机电池的寿命相对较短。正确的使用方法是延长电池寿命的最好方法，在电池的使用上要坚持六个"不"。

① 不过放　电池的放电曲线表明，刚开始放电时，电压下降比较快，但放电到 3.7～3.9V 之间时，电压下降开始变慢。但一旦降至 3.7V 以下，电压下降速度就会加快，控制不好就导致过放，轻则损伤电池，重则电压太低造成炸机。有些无人机飞行人员因为电池较少，所以每次都会过放，这样的电池很短命。正确的策略是，尽量少飞 1min，寿命就多飞一个循环，宁可多买两块电池，也不要每次把电池飞到超过容量极限；要充分利用电池报警器，一旦接收到报警信号就应尽快降落。

② 不过充

a. 使用专用的充电器对锂电池进行充电。充电器可以是锂离子或锂聚合专用充电器，两者非常接近。部分移动电话的充电器可以用来充锂聚合物电池，这不会损坏电池。

b. 准确设置电池组的电池单体个数。充电的头几分钟必须仔细观察充电器的显示屏，在上面会显示电池组的电池个数。如果不清楚，就不应当充电或应使用熟悉的充电器。

c. 第一次充一个新的锂电池组，应检查电池组每个电池单体的电压，以后每十次充放电也应做同样的工作。尽管电池个数选择正确，但若电池组电压不平衡时仍会爆裂。假如电池组内电池单体电压相差超过 0.2V，就应当分别把每个电池的电压充到 4.2V 使之相等。假如每次放电后电池单体的电压差均超过 0.2V，则表示的电池已经出现故障，应当更换。

d. 在对电池进行充电时，旁边一定要有人照看。

e. 在安全的位置放置充电的电池和充电器。

f. 没有厂家的特别说明，一般充电电流不要超过 1C。现在支持大电流放电的电池也支持超过 1C 的电流充电。但将大大缩短电池的寿命，买 3 个电池交替充电比买一个电池进行快充更划算。

③ 不满电保存　充满电的电池，满电保存不能超过 3 天，如果超过一个星期不放掉，有些电池就直接鼓包，有些电池可能暂时不会鼓，但经过几次满电保存后，电池可能会直接报废。因此，正确的保存方式是，在接到飞行任务后再充电，电池使用后如在 3 天内没有飞行任务，请将单片电压充至 3.80～3.90V 保存。若电池充好电后因各种原因没有飞，也要在充满后 3 天内把电池放电到 3.80～3.90V 保存。如在三个月内没有使用电池，将电池充放电一次后继续保存，这样可延长电池寿命。电池保存应放置在阴凉的环境下贮存，长期存放电池时，最好能放在密封袋中或密封的防爆箱内，建议环境温度为 10～25℃，且应干燥、无腐蚀性气体。

④ 不损坏包装　电池的外包装是防止电池爆炸和漏液起火的重要结构，锂聚电池的铝塑膜破损将会直接导致电池起火或爆炸。电池要轻拿轻放，在飞机上固定电池时，扎带要束紧。因为会有可能在做大动态飞行或摔机时，电池会因为扎带不紧而甩出，也很容易造成电池外皮破损。

⑤ 不短路　锂电池短路会直接导致电池打火或者起火爆炸。当发现使用过一段时间后电池出现断线的情况需要重新焊线时，特别要注意电烙铁不要同时接触电池的正极和负极。另外运输电池的过程中，最好的办法是，每个电池都单独套上自封袋并置于防爆箱内，防止运输过程中因颠簸和碰撞导致某片电池的正极和负极同时碰到其他导电物质而短路。

⑥ 不低温　很多无人机飞行人员会忽视这个原则，在北方或高海拔地区常会有低温天气出现，此时电池如果长时间在外放置，放电性能会大大降低，如果还要以常温状态时的飞行时间去飞，则会出问题。此时应将报警电压升高（比如单片报警电压调至 3.8V），因为在低温环境下压降会非常快，报警一响立即降落。再有要给电池做保温处理，在起飞之前电池要保存在温暖的环境中，比如说房屋内、车内、保温箱内等。要起飞时快速安装电池，并执行飞行任务。在低温飞行时尽量将时间缩短到常温状态的一半，以保证安全飞行。

6.1.7　无人机存放保养

① 防水　无人机属于精密电子产品，水汽一旦渗入内部，可能会腐蚀内部电子元器件。在潮湿天气中飞行后，除了简单的拭擦外，还要做好干燥除湿的保养。可以将无人机放置到电子防潮箱中，或者将无人机与干燥剂放于密封箱中进行干燥保养。

② 防尘　沙尘对无人机的影响也非常大，尤其是电机等设备，尽量避免从沙土或碎石地面起飞。多尘环境下飞行后，应及时清理。

③ 远离磁性物体　无人机处于强磁场会造成指南针异常，当长时间不使用无人机时，保存应远离强磁场，否则会造成不可逆转性的偏移等，导致再次使用时无法正常起飞。

④ 不使用的情况　无人机不使用时，机身和电池最好要拆分开来存放。

6.2　无人机预防性维修

预防性维修包括调整、润滑、定期检查等，主要用于其故障后果会危及安全和影响任务完成，或导致较大经济损失的情况。预防性维修的目的是降低产品失效的概率或防止功能退化。按预定的时间间隔或按规定的准则实施维修，通常包括保养、操作人员监控、使用检查、功能检测、定时拆修和定时报废等工作。

预防性维护不仅仅包括对设备进行日常维护，还涉及保持每一检查和维修的准确记录，以及了解每个部件的使用寿命，以了解更换频率。这些记录可以帮助维修技术人员预测更换零件的适当时间，也可以帮助诊断出现的问题。预防性维修系统可收集和组织这些信息，使其可以为维修技术人员所利用。

无人机新设备研制初期，就应考虑预防性维修问题，提出减少和便于预防性维修的设计要求；应进行可靠的维修分析，用逻辑判断的方法确定设备的预防性维修要求，制订设备预防性维修大纲，规定设备需要进行预防性维修的产品、工作类型、间隔期和进行维修工作的维修级别，确保以最少的维修资源消耗保持设备固有的可靠性和安全性水平。预防性维修是定期进行，但不能保证未到维修期不发生故障，若一旦发生故障，就要进行修复性维修。

不同类型的无人机维护要求不同，经验表明，无人机每飞行 20h 或者更少就需要某种类型的预防性维护，至少每 50h 进行较小的维护，这也受运行类型、气候条件、保管设施、机龄和无人机结构的影响。一般，无人机制造商会提供维护无人机时应该使用的维护手册、部件目录和其他服务信息。操作人员可以根据手册等进行相关维护。

① 日常检查，即必须对无人机执行可靠的检查，在任何故障校正需要的检查期间必须维持无人机的适航性。

② 定期检查，即要求所有的民用无人机按照特定的时间间隔来确定总体运行状态。间

隔时间依赖于无人机所属的运行类型。一些无人机每 12 个月至少需要一次检查，而其他无人机要求的检查间隔是每运行 100h 检查一次。在某些情况下，可能按照某个检查制度来检查无人机，这个检查制度可以基于日历时间、服务时间、系统运行次数等。所有检查都应该遵守制造商的最新维护手册，包括检查间隔、部件替换和适用于无人机的寿命有限条款这些连续适航性的说明。

③ 年度检查，即民用无人机系统要求至少一年检查一次。检查应该由认证的持有检查授权的人员来执行，或者由制造商检查，或者由认证和正确评估的维修站执行。除非年度检查已经在之前的 12 个月内完成，否则无人机将不能运行。

6.2.1　日常维护

(1) 无人机飞行前预防性维修和检查

飞行前检查是一个彻底和系统的检查方法，通过此项检查，无人机驾驶员可以确定无人机是否适航和处于安全运行状态。

① 检查螺旋桨桨叶外观是否有弯折、破损、裂缝、缺口等直接影响飞行稳定性的问题。如有出现此类问题的螺旋桨，请立即弃用。起飞前检查螺旋桨是否按顺序固定好。

② 检查电机轴承是否有磨损、震动，电机壳是否变形，固定的螺钉是否稳固。如果发现问题，请及时联系售后进行处理。

③ IMU 单元平时也需要检查，必要时候应该校准。首先一定要将飞机放在水平面上，然后开启飞机和遥控器，遥控器连接移动设备之后，打开飞控"参数设置≫高级设置≫传感器状态≫校准传感器"。

④ 检查遥控器天线、挂带以及跟航拍器连接是否正常。

⑤ 除了使用的时候把云台保护罩取下来，其余时候都请务必把云台保护罩扣上。在连续使用无人机后，观察上电时云台自检过程是否流畅正常。相机镜片要注意不要用手直接触摸，被污损后可用镜头清洁剂清洗。

⑥ 航拍器的视觉定位系统主要检查镜头是否有污损或者异物，可用吹风枪等气吹器材及时清理。

⑦ 检查起落架和形变结构是否正常。

⑧ 检查飞机机身螺钉、螺栓等是否出现松动，飞机机臂是否正常，若有问题尽量寄回检测维修。

⑨ 观察电池外壳是否有破损或者变形鼓胀，若电池受损严重，应停止电池的使用，且立刻将其进行报废处理，不要拆解电池；然后查看电池电源连接器内部的金属片破损情况，如果金属片表面烧损比较严重，建议更换电池。

(2) 无人机飞行后检查和保养

每次飞行后都应该对飞行器本身进行全面细致的检查，及时发现并处理隐患。

① 无人机检查和保养　无人机飞行结束，操纵者都应对无人机（桨叶、机架、电机、电调）使用软布做保养擦拭。如果是电动无人机，可选用质地柔软的除尘毛巾擦拭浮灰；如果是油动航拍无人机，则应先用浓度较高的酒精喷涂在机体表面稀释油污，然后用除尘毛巾反复多次擦拭干净。如不及时清理模型飞机表面的油污，很容易造成机体的腐蚀。

每次使用后请仔细检查飞机上使用的桨是否有裂纹和断折迹象，电机是否保持水平状态，以及所使用的电池表面有无孔洞和被尖锐东西刺穿的现象，若出现上述现象，应及时进行修复和更换。清洗和检查完成后，将各个螺旋桨用桨套固定在飞机上然后将整机放置在不易碰撞的地方保管，以便下次作业的使用。

② 无人机放置　尽量将无人机置于干燥环境中，最好将其放在水平托架上，或在机体内部放一些成品干燥剂。干燥的外部环境可以保证无人机不会因长时间放置产生变形。

③ 定期涂蜡保护　由于目前市面上可以购得的无人机，其表面涂装均采用了喷漆工艺，因此需要做定期涂蜡保护。无人机机体表面的定期涂蜡养护，可使在其上形成一层保护膜，隔绝保护涂装漆面。

6.2.2　定期维护

在对系统设备的故障规律有充分了解的前提下，根据规定的维修间隔或者系统设备的工作时间，按照已经安排好的时间来进行计划内的维修工作，而不去考虑系统设备当时所处的运行状态。

定期维修是一种以时间为基准的维修方式，其适用于停机影响较大而劣化规律随时间变化较为明显的设备。定期维修需根据设备磨损规律提前确定维修时机，时机一到，不管设备运行状况如何，都需进行相应维护。这种方式使得维修工作能够有计划地被安排，适时进行设备停机，合理分配备件和人员，从而保证较高的维修质量，减少故障对生产活动的不良影响。然而，其劣势在于有时设备并没有发生故障就进行了修复，从而产生维修过剩、失修等问题。维修周期过短，会使零部件的潜在寿命得不到利用，造成浪费；反之，维修周期过长，将影响装备的任务完成和使用安全。因此需要选择最优的维修周期。

无人机是一种重复使用的工具。在多次使用后，一些重要设备容易出现问题。定期做好飞机各个部件的检查，可使飞行更加安全可靠、减少"炸"机概率，对无人机飞机结构的定期检查主要有以下几个方面。

(1) 机体、机翼和水平尾翼的连接是否紧密

舵面铰链、摇臂连杆、舵角和起落架是否能正常工作。连接部分由于经常拆装和震动冲击，容易老化损坏。飞行器在长期飞行过程中，由于飞行载荷大、飞行震动强，因此部件间一些用于粘接的胶质部分易氧化并出现皲裂情况。这些问题会严重危及飞行安全，造成坠机事故。

(2) 检查飞机的动力

飞行器的动力可分为油动和电动。若采用油动动力，要对发动机零部件进行定期保养和更换；若采用电动动力，则须定期检查电机轴承和运转部件间隙，并在必要时为电机除尘、更换润滑脂。接收机中的电池须定期充放电，长期不用时须正确存储，可在常温环境下存储（单片锂聚合物电池的存储电压为 3.83V），以延长其使用寿命。定期校准：电池每隔大约 3个月或经过约 30 次充放电后，需进行一次完整的充电和放电，以保证电池的最佳工作状态。

(3) 检查飞机的电子设备

舵机是控制模型飞机飞行舵面的重要零件，一旦出现"扫齿"问题很容易"摔"机。经历了一定数量的飞行起落后，要及时清洗并检查舵机内部齿轮的情况，如果发现"扫齿"的齿轮，必须及时更换。油动模型飞机震动大，还需定期更换舵机齿轮和润滑脂，或直接更换新舵机。另外，要检查从舵机上接出的延长线及各个接头处的插头，最好能做到定期更换。因为插头长期在空气中容易被氧化，会导致电子设备接触不良，甚至引起坠机事故。

（4）检查模型飞机的控制系统

飞行器的飞行控制系统主要包括遥控器和接收机。在平时的检查和维护中，除了注意擦拭和保养外，还应注意遥控器的维护和清理。由于长期处于室外飞行，遥控器的摇杆部位很容易进入灰尘，或者产生磨损，因此要轻拿轻放、经常擦拭。目前模型飞机上用得最多的是2.4G 接收设备，检查时要着重观察接收机上的天线有无断裂，并定期按照遥控器说明书进行地面拉距测试。

6.2.3　保障与支持设备

任何机电系统都需要相应的保障与支持设备，支持其正常运转，保障与支持设备可针对不同的保障级别配置。对于无人机系统，保障与支持设备中的很多设备是在一线使用的，即必须随装携带，能够即刻提供保障支持。另外一些保障与支持设备不需要即刻使用，可以存放于基地。保障与支持设备必须包括以下内容。

① 操作与维修手册　手册通常包括系统说明书和系统使用履历，履历可以使单独的，也可以作为维修手册的一部分。系统说明书不必像系统设计说明书那么详细，但必须能够说明系统的主要结构和部件、使用注意事项及原因，原因部分可以参考系统设计说明书编写。操作指南包括系统架设、检查调整、任务准备和执行，以及在任务完成之后的飞机回收和系统撤收。如果没有专门的系统训练手册，操作指南还应包括系统训练的方法。系统使用履历用于记录系统使用的历史信息。它记录的信息包括操作人员、时间和每次任务持续时间，测试结果及状态，以及其他重要的技术观测结果和评判。此外，履历也用于提醒已经计划的维修。维修手册用于指导整个系统各模块的检查和部件的定期更换。维修手册将提供特定部件技术状态检查、清洁、润滑和调校等的方法，根据生命周期更换寿命到期的部件。系统要求完成所有的定期维修后，任何修复性维修都要进行记录。

② 消耗品　根据无人机系统大小以及数量需求，在控制站上要携带润滑油、清洁材料、电池、光盘、燃油等消耗品，特别是控制站与飞机使用相同的燃油时更是如此。

③ 可更换部件　根据维修手册中列出的系统的寿命件，在远离基地或其他保障支持范围的情况下，根据预定的动作时间，无人机操作人员必须确保携带所需部件的种类和数量。

④ 易损与视情况更换部件　易损部件指在不利的天气条件下降落可能损坏的部件。这些易损部件通常包括固定翼飞机可拆卸的翼尖、固定翼飞机的螺旋桨、固定翼和多旋翼飞机起落架上的部件，还可能包括多旋翼机的桨叶。视情况更换包括引擎中的火花塞、螺旋桨。控制站中也包含该类的部件，这些部件在系统开发阶段就已确认，并经过了验证实验，最终将其列入维修手册。

⑤ 工具　工具包括日常维修操作和维修所需要的各种工具，一般需要覆盖电子、电气和机械等多个类型对象的需要，如电子测量仪器、电池充电器、力矩扳手，以及测试子系统功能所需要的夹具、锁具等。日常操作需要的工具应包括启动和检查设备。夹具一般包括检查所需的工具，如用于控制设置和量程检查的工具。锁具则可能包括任务载荷功能检查所需要的工具。与其他保障与支持设备一样，上述工具的数量和种类也主要取决于无人机系统的类型。工具需求在系统设计阶段就会考虑，在系统开发阶段得到修正和确定，工具配备的一个原则是减少所需工具数量，特别是专用工具的数量，主要配备标准的、国际通用的工具。系统所需工具通常按照分类列于无人机系统操作或维修手册中。

⑥ 辅助设备　辅助设备一般被视为无人机系统的一部分，尤其是与控制站车辆集成一

起的设备，如发电设备，不是配置在拖车上，而是当作辅助设备，还有其专有的燃油供应和维修设备。

6.3 无人机修复性维修

无人机修复性维修包括下述一个或全部步骤：故障定位、故障隔离、分解、更换、再装、调准及检测等维修工作类型。修复性维修是在操作人员和（或）维修人员发现异常或故障后，或产品的状态监控表明其技术已不能或接近不能正常工作时进行的，将其规定功能恢复到规定状态所进行的一系列基本的维修作业。其维修内容和时机不能事先做出确切安排，因而也称非计划维修。

维修工作的目的是有效排除故障，只有故障产生、装备失效才进行修复性维修工作，即故障模式决定着故障的判异。基层级一般从事比较简单的维修工作，多数为外场可更换单元（Line Replaceable Unit，LRU）的更换维修，而中继级或基地级则可对 LRU 直接维修。

(1) 螺旋桨故障

若无人机的螺旋桨动平衡有问题，加油门的时候无人机可能会侧偏和后退。因为螺旋桨是在空气中工作的，自身的桨叶会受到涡流的影响而变得不稳定，所以在有条件的情况下我们需要更换新的螺旋桨。

(2) GPS 故障

若无人机出现"马桶圈效应"，就是在飞行的过程中不动任何的杆，飞机出现自己顺时针或者逆时针转圈的现象，或者在飞行前不能起飞，抑或是飞行过程中出现飞机不能定点悬停的情况。若不考虑其他硬件问题，那么我们可以确定就是飞机的 GPS 出现了问题。

在很长时间不用的情况下，或者远距离运输的情况下，第一次启动无人机的时候会出现"搜星慢"的问题。这种情况下我们只需要等待一段时间即可。如果几分钟后还是没有达到足够起飞的卫星数量，则可能是因为 GPS 天线被屏蔽或被附近的电磁场干扰，此时需要确定周围是否存在屏蔽物，如存在，把屏蔽物移除；或者确定其周围是否存在信号干扰，如果存在，尽量远离干扰源，并放置到空旷的地域，看是否好转。另外如果经过长时间闲置或者远距离运输后的无人机需要使用，第一次开机一定要校准 GPS。

(3) 无人机收不到地面站的数据

若出现接收不到地面站数据的情况，请检查连线接头是否松动或者断开连接，地面站的连接按钮、串口是否设置正确，串口波特率是否设置正确，地面站与飞机的数传频道设置是否一致，飞机上的 GPS 数据是否送入飞控，其中只要任何一个环节出问题就无法通信，应检查无误后重新连接。如果检查无误后还是连接不上，重新启动地面站电脑和飞机系统电源，一般都可以排除故障。

(4) 无人机飞行或者悬停时机体晃动

检查电机安装角度，动力不是很足的情况下，电机的安装角度稍微有点偏差就很容易出现机体晃动，或者机臂未完全打开，也会出现这种情况。

(5) 无人机起飞侧倾

请检查加速度计、陀螺仪、电机安装角度、电机转速、遥控器通道值、螺旋桨的转向等。

（6）防打火头维修

为保证有效的续航时间，多旋翼无人机依靠大容量电池提供飞行动力，而且多个电机的高速旋转要求电池放电的速度要快于充电速度的 20 倍以上，因此电池放电期间电流很大。大电流会引起电池与飞机连接处打火，尤其在飞机加电的瞬间，巨大的电流产生的电打火特别容易击穿飞机的电子器件，导致飞机故障。因此为了避免飞机加电瞬间造成的电打火，通常在飞机的连接处安装防打火头。飞机接头在每次飞行时都需要至少连接断开一次，长时间多次飞行会导致接头的防电打火头松动而脱落。在防电打火头缺失的情况下，飞机加电瞬间会发生剧烈的打火，威胁到人身安全和电子器件安全。因此防电打火头一旦损坏，需要及时维修或更换，以保证安全。

① 取出防打火头　防打火头一般脱落在护套内的接头里，需要旋开接头护套，取下紧固环，用细镊子将防打火头夹取出来，如图 6-1 所示。

② 黏合　选用强力黏合剂涂抹在断裂处，胶水不宜涂抹过多，避免胶水流到其他部分上造成短路或其他使用故障；胶水也不宜涂抹过少，造成黏合不紧密，易再次断裂。

③ 测量电阻　用万用表测量黏合后飞机防打火头和接头外壁之间的电阻

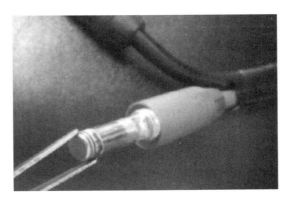

图 6-1　取出防打火头

值，阻值必须保证在（6±0.5）Ω 的区间内。测量防打火头电阻如图 6-2 所示。如果阻值不在限值范围内，说明黏合不紧密，或是黏合造成其他部分之间存在局部短路的情况，需要取下防打火头重新黏合。如图 6-3 所示，3 次测量的阻值均在限值范围内。

图 6-2　测量阻值

图 6-3　测量结果

④ 风干　防打火头黏合后，需在常温下风干 24h。风干后需再次检测防打火头的电阻阻值，符合要求后才可以正常使用；否则需要取下重新黏合。

(7) 电机连接座、电机更换

无人机的电机提供飞行动力，连接电机与飞机机臂的电机连接座是飞机重要的承力部件，这二者一旦发现有损坏或裂痕，必须立即进行维修更换。

① 卸下螺旋桨，卸下飞机起落架，卸下飞机机臂。

② 拧下电机与电机连接座之间的螺钉，拧下电机连接座的紧固螺钉。如图 6-4 所示。

(a)   (b)

图 6-4 拆卸电机

③ 断开电机与飞机电子调速器的 3 条连线，并注意标记连接顺序。电机有黑、红、黄 3 条连接线，3 条连接线按照颜色一一对应相连接的是逆时针旋转电机。电机黑线连接，红色、黄色连接线交叉连接的是顺时针旋转电机，该规律广泛适用于多旋翼无人机的电机连线。如图 6-5 所示。

(a) 逆转电机接线   (b) 顺转电机接线

图 6-5 电机接线

④ 更换电机，更换电机连接座。安装电机连接座，在把电机线从连接座处送入，沿着飞机机臂送到机臂另一端，并按照之前标记的顺序连接线头，并用绝缘胶带进行紧固；最后

安装电机，拧紧螺钉。

⑤ 安装螺旋桨。将飞机放置在水平地面上，在飞机水平的情况下，如图 6-6 所示，将水平尺放在电机平面上进行电机调平，如图 6-7 所示。如果电机一侧的机身不绝对水平，应调整此方向电机与飞机机身水平尺一致；如果飞机机身因损坏而不水平，则飞机需要整体返厂更换机架。

图 6-6　飞机机身置于水平地面

图 6-7　调整电机水平

⑥ 调试完毕后，紧固所有螺钉，进行飞机加电检测。加电正常后启动电机，观察螺旋桨旋转状态，观察螺旋桨旋转方向是否正确，及各螺旋桨的旋转是否共面。

⑦ 低高度试飞。控制飞机在距离地面 3m 之内试起飞，观察飞机悬停是否平稳，姿态是否正常。

装备的故障并非都是通过更换故障组件来排除的，装备的不可更换部分也可能会发生故障。因而对于装备故障可以通过更换一个或多个组件进行修复，亦可通过对装备的不可更换部分直接维修进行修复。组件与装备在站点内的维修过程类似，同样也是通过直接维修或通过更换下一级故障组件来修复。

本章小结

本章主要讲述了无人机检修的相关内容。无人机检修主要包括日常检查保养、预防性维修和修复性维修。分别从无人机机身、电机、螺旋桨、云台、遥控器、电池使用和电池存放保养等方面阐述了无人机的检查保养；讲述了无人机的预防性维修，包括日常维护、定期维护及保障和支持设备等；讲述了无人机修复性维修，包括故障定位、故障隔离、分解、更换、再装、调准及检测等维修工作类型，并介绍了常见故障的维修实例。

课后习题

一、填空题

1. _____维修是通过对无人机系统性检查、设备测试和更换以防止功能故障发生，使其保持在规定状态所进行的全部活动；_____维修是指无人机发生故障后，使其恢复到规定状态所进行的全部活动。

2. 锂电池使用必须保持在_____V电压范围内。

3. 正确的使用方法是延长电池寿命的最好方法，在电池的使用上要坚持六个"不"。分别为_____、_____、不满电保存、不损坏包装、_____、不低温。

4. 无人机预防性维修包括_____检查、_____检查、年度检查。

二、简答题

1. 无人机的机身如何保养？

2. 无人机的电机如何保养？

3. 简述无人机飞行前需要做的检查和维护。

参 考 文 献

[1] 冯登超，李锵，杨玉峰，等. 低空安全与无人机系统导论 [M]. 天津：天津大学出版社，2019.

[2] 樊邦奎，张瑞雨. 无人机系统与人工智能 [J]. 武汉大学学报（信息科学版），2017，42（11）：1523-1529.

[3] 徐伟伟，李欢. 无人机集群作战的主要样式 [N]. 解放军报，2020-1-20（007）.

[4] 王水璋，姜健，王勇. 低空安全监测管理系统的探索与研究 [J]. 电子测量技术，2018，41（9）：146-148.

[5] 樊邦奎. 樊邦奎院士：六大方向，知悉无人机的未来 [J]. 机器人产业，2017（1）：59-64.

[6] QI X, FENG D CH, LUO J. Construction of integrated land-space loss prevention and crime prevention system of prison [J]. Journal of Engineering, 2019（1）：1-4.

[7] 车颖，冯登超，齐霞. 对无人机反制系统加强监管的思考 [J]. 公安教育，2020（1）：44-47.

[8] 樊邦奎. 智能无人机将改变产业模式 [N]. 中国信息化周报，2016-11-21（007）.

[9] 杨光. 基于全局式 SFM 的无人机影像外方位元素优化方法 [D]. 郑州：战略支援部队信息工程大学，2018.

[10] 齐霞. 初探安全防范技术专业教学走进社区——以广东司法警官职业学院安全防范技术专业为例 [J]. 广东开放大学学报，2018，27（3）：24-27.

[11] 张昧藏，杜爽，赵亚娜，等. 宇航印制板组件上塑封器件的灌封工艺 [J]. 电子工艺技术，2019，40（6）：356-358，363.

[12] 吴红军，行鸿彦，张金玉. 低空飞行安全气象保障技术 [J]. 电子测量技术，2018，41（8）：10-15.

[13] 杨光，朱宏飞. 基于 PXI 总线多通道时序监测电路系统设计 [J]. 计算机测量与控制，2016，24（3）：214-217.

[14] 穆朝絮，张勇，余瑶，等. 基于自适应动态规划的航空航天飞行器鲁棒控制研究综述 [J]. 空间控制技术与应用，2019，45（4）：71-79.

[15] 闫文娟，王水璋. 六通道无线电监测与测向定位系统的设计与实现 [J]. 电子测量技术，2018，41（9）：116-122.

[16] 庞峰，冯登超. 警用无人系统与低空安全防范初探 [J]. 计算机测量与控制，2019，27（7）：205-208，213.

[17] 李昶，程锦霞，杨光，于江. 5G＋无人机的低空数字化发展与应用 [J]. 移动通信，2019，43（9）：47-52.

[18] 冯登超，秦焕禹，曾湧，等. 基于三维可视化空中走廊体系的城市低空空域航图绘制研究 [J]. 电子测量与仪器学报，2018，32（4）：58-64.

[19] 温占永，段娅. 高空长航时飞翼无人机用涡扇发动机关键技术 [J]. 航空工程进展，2020（2）：1-8.

[20] 徐恩华. 无人机法律规范和应用发展现状 [J]. 中国科技信息，2020（1）：104-105.

[21] 冯登超，李奥伟，周鹏，等. 浅析 Android 系统在低空安全监管数据移动显示平台的通信方式 [J]. 电子测量技术，2018，41（9）：126-130.

[22] 淞洋，刘震磊，任恩泽，等. 无人机动力装置模块化研究 [J]. 中国科技信息，2020（2）：19-20.

[23] 冯登超. 面向低空安全的三维空中走廊可视化研究综述 [J]. 电子测量技术，2018，41（9）：2-9.

[24] 王筱淇，刘震磊，李颖，等. 四轴无人机总体结构模块化设计 [J]. 中国科技信息，2020（2）：21-23.

[25] 杨景岩. 基于 STM32 的多用途无人机巡检拓展模块 [J]. 电子技术与软件工程，2019（24）：84-85.

[26] 冯登超. 面向低空安全三维数字化空中走廊体系的飞行器交通管理平台构建 [J]. 计算机测量与控制，2017，25（12）：137-140，161.

[27] 蒋留兵，姜风伟，车俐. 基于 CVD 和 Radon 变换的旋翼无人机识别 [J]. 电讯技术，2019，59（12）：1417-1422.

[28] 凡进军，唐道湘. 军地联合——创新无人机应用技术专业人才培养 [J]. 广东职业技术教育与研究，2019（6）：28-30.

[29] 冯登超，袁晓辉. 低空安全走廊及应急管理可视化研究进展 [J]. 电子测量与仪器学报，2016，30（4）：493-505.

[30] 张飞，王云，谭锟. 复合式垂直起降固定翼无人机旋翼和机翼的干扰分析 [J]. 航空工程进展，2019，10（6）：810-816.

[31] 徐文菁. 非确定环境下无人机与无人车动态协同设计 [J]. 洛阳理工学院学报（自然科学版），2019，29（4）：64-70.

[32] FENG D CH. The primary exploration of alarm chart visualization matching technology in low altitude airspace [C].

Proceedings of 12th IEEE International Conference on Electronic Measurement & Instruments，2015：1241-1246.

[33] 吴其琦，黄庆南. 基于加速度检测的无人机寻踪器研究与设计 [J]. 工业控制计算机，2019，32（12）：148-149，152.

[34] 李德勇，甘建，甘学东，等. 高空长航时无人机工作环境特性 [J]. 装备环境工程，2019，16（12）：99-103.

[35] 陆添羽，王天斌. 职业院校无人机应用专业开设 3D 打印课程探讨 [J]. 科技与创新，2019（24）：152-153，155.

[36] 黄静，张皓琳. 无人机动力技术发展现状与展望 [J]. 信息技术与信息化，2019（12）：202-204.

[37] 冯登超，袁晓辉. 低空空域安全告警航图可视化研究进展 [J]. 电子测量与仪器学报，2015，29（3）：305-316.

[38] 周振发，刘禹鑫，齐心. 基于高精度位置服务的无人机植保服务建设方案研究与设计 [J]. 测绘与空间地理信息，2019，42（12）：48-50.

[39] 何诚，吕振义，李瑾，等. 旋翼无人机测算风速风向技术研究 [J]. 测绘通报，2019（12）：91-95.

[40] 吴鸿，冯登超. 基于四旋翼飞行器的低空空域智能搜救系统设计 [J]. 国外电子测量技术，2016，35（1）：74-79.

[41] 文来，赵湘玉，李明峰. 无人机影像特征联合提取与双向匹配研究 [J]. 测绘通报，2019（12）：56-59，64.

[42] 齐霞. 对监管场所安防信息化建设的思考 [J]. 广东公安科技，2017，25（2）：8-11.

[43] 李德江，黄杨，储鼎. 无人机空地一体化建模技术 [J]. 测绘与空间地理信息，2019，42（12）：158-160.

[44] 冯登超. 基于激光点云数据的无人驾驶航空器系统空中走廊构建 [J]. 计算机测量与控制，2018，26（2）：133-141.

[45] 张飞，张佳，胡敏. 基于无人机创客空间的课程体系研究——以江苏省徐州技师学院为例 [J]. 科技风，2019（35）：76，82.

[46] 吴阿敏，赵梦龙，姜宽舒，等. 多旋翼植保无人机静电喷雾系统研制及测试 [J]. 南方农机，2019，50（23）：13-14，18.

[47] 胡伟，李成攻. 基于多旋翼无人机的烟气监测系统研究 [J]. 山东科学，2019，32（6）：89-94.

[48] 冯登超，梁力水. 无人机低空告警监视系统结构设计探索 [J]. 电子测量技术，2018，41（9）：141-145.

[49] 朱建华. 无人机在智能查违中的应用 [J]. 太原学院学报（自然科学版），2019，37（4）：12-14.

[50] 俞建康. 采用无人机航测技术实现高速公路建设用地批后监测的探索 [J]. 浙江国土资源，2019（12）：46-49.

[51] 张小惠，刘涛，答星，等. 无人机城市控违动态监测的研究与应用 [J]. 中南民族大学学报（自然科学版），2019，38（4）：613-619.

[52] 陆源斌，梁卓超，应蒙婷，等. 泛用性模块化测绘无人机 [J]. 中国水运（下半月），2019，19（12）：105-106.

[53] 谭红毅. 大型特殊布局无人机系统科研试飞 [J]. 航空精密制造技术，2019，55（6）：45-48.

[54] 莫雄，连涛，蔡定邦，等. 基于热成像的 FPV 无人机搜救系统设计 [J]. 电脑知识与技术，2019，35（15）：192-193.

[55] 李庶中，李越强，李洁. 无人机感知与规避技术综述 [J]. 现代导航，2019，10（6）：445-449.

[56] 郑炳祥，许奕. 植保无人机技术推广的优势与难点 [J]. 现代农机，2019（6）：26-27.

[57] 付继红. 电力线路巡视中无人机技术的应用 [J]. 电子技术与软件工程，2019（23）：213-214

[58] 冯登超，秦焕禹，曾湧. 基于 3S 技术的低空空域告警航图可视化匹配设计初探 [J]. 国外电子测量技术，2015，34（6）：50-53.

[59] 王湛，王江东，杨宏伟. 民用轻小型无人机系统检测认证研究 [J]. 质量与认证，2019（12）：52-54.

[60] 杨宏伟，王湛，王世琦. 民用轻小型无人机测控系统关键指标及检测思路 [J]. 质量与认证，2019（12）：55-57.

[61] 齐霞. 提升公安机关处置突发公共事件能力的思考 [J]. 犯罪研究，2007（5）：45-48，57.

[62] 顾诚. 无人机技术综述及其在水利行业的应用 [J]. 江苏科技信息，2019，36（34）：39-41.

[63] 李海，谢文强，周林. 无人机技术在通航事故应急救援中的应用研究 [J]. 轻工科技，2019，35（12）：68-69，84.

[64] 亚林，戴弘宁. 无人机辅助的物联网通信技术及其应用 [J]. 物联网学报，2019，3（4）：48-55.

[65] 齐霞. 对监管场所安防信息化建设的思考 [J]. 广东公安科技，2017，25（2）：8-11.

[66] 季蕾. 具有通信约束的无人机编队控制 [D]. 南京：南京邮电大学，2019.

[67] 赵波. 矿产资源监管中低空无人机航测技术的应用研究 [J]. 南京：世界有色金属，2019（18）：127，129.

[68] 陈林聪. 风电机组齿轮箱预防性维修与机会维修决策研究 [D]. 北京：华北电力大学，2016.

[69]　无人机测控与信息传输技术发展综述 [J]. 计算机产品与流通，2019（3）：125.

[70]　朱宏飞，杨光. 基于 PXI 总线模块的智能测试系统的设计 [J]. 计算机测量与控制，2013，21（11）：2912-2914.

[71]　杨玉峰，秦建华，李挺，等. 沙尘气溶胶粒子数量浓度计算及激光传输特性 [J]. 红外与激光工程，2017，46（增刊1）：35-41.

[72]　张中南，王宁，宋审宙. 无人机监视告警软件的研究与设计 [J]. 电子世界，2019（22）：142-144.

[73]　周炜，王小平，孙浩水，等. 基于贝赛尔曲线的四旋翼无人机轨迹优化 [J]. 电子测量与仪器学报，2019，33（10）：53-58.

[74]　杨文亮，韩亚丽，许周凯，等. 小型陆空两栖无人机的结构设计与试验 [J]. 机电产品开发与创新，2019，32（6）：57-60.

[75]　张兰，冯登超，王晓宁，等. 低空领域下的异构网络性能研究 [J]. 电子测量技术，2018，41（9）：131-134.

[76]　唐俊. 顾及复杂环境约束的无人机三维航迹快速规划 [J]. 测绘通报，2019（11）：26-30.

[77]　朱梓傲. 轻型无人机安装螺旋桨安全网罩初探 [J]. 科技与创新，2019（22）：89，91.

[78]　邓洪明，贺勇，於小杰，等. 卡尔曼滤波在无人机姿态中的应用研究 [J]. 自动化技术与应用，2019，38（11）：1-4.

[79]　王宇恒. 多旋翼无人机的发展历程及构型分析 [J]. 科技传播，2019，（22）：142-144.

[80]　张鑫. 农用植保无人机操作技术 [J]. 青海农技推广，2019（4）：81-82.

[81]　张飞，张研. 无人机创客空间对中职学生创新能力培养的研究 [J]. 科技风，2019（32）：91-92.

[82]　冷月香，刘江，马远超. 一种便携式多无人机发射控制系统的设计 [J]. 电子设计工程，2019，27（22）：39-42，47.

[83]　姚伟祥，兰玉彬，王娟，等. 单旋翼电动无人机对莲雾及荔枝喷雾效果的试验 [J]. 中国南方果树，2019，48（6）：64-71.

[84]　高浩. 新课改下四旋翼无人机 DIY 项目在高中通用技术教学中的探索与应用 [J]. 当代教育实践与教学研究，2019（22）：189-190.

[85]　徐晓迪. 基于消费级无人机在施工现场中的应用探究 [J]. 价值工程，2019，38（32）：217-219.

[86]　石振东，屈蔷，程陈. 一种建模不确定性的四旋翼无人机鲁棒跟踪控制 [J]. 小型微型计算机系统，2019，40（11）：2475-2480.

[87]　杜斌. 5G 助力无人机应用发展 [J]. 信息通信技术与政策，2019（11）：8-11.

[88]　罗润三，柳明. 新旧动能转换背景下的高校无人机物流人才培养探究——以滨州学院为例 [J]. 物流工程与管理，2019，41（11）：159-160，164.

[89]　樊卫国. 农业类高职院校《无人机应用技术》专业实训资源建设研究 [J]. 电脑知识与技术，2019，32（15）：117-118.

[90]　滕鹏飞，邓莉. 无人机在林业中应用的几点思考 [J]. 防护林科技，2019（11）：81-82，88.

[91]　王小三. 直升机机械系统预防性维修周期决策分析 [J]. 科技资讯，2014，12（6）：99-99.

[92]　高洪波，张兆海，苏周，等. 谈如何选配电动固定翼无人机 [J]. 科技风，2019（31）：21.

[93]　朱武斌. 海上无人机搜救技术研究 [J]. 价值工程，2019，38（31）：161-163.

[94]　金昭，夏国华，王澜. 基于无线充电的无人机充电平台研究 [J]. 河南科技，2019（31）：11-13.

[95]　李峰，刘宏，冯力. 警用无人机在公安立体防控体系中的创新应用 [J]. 中国安防，2019（11）：98-100.

[96]　邹卫华. 中小学"无人机"创客课程的意义与实施 [J]. 中国信息技术教育，2019（21）：47-49.

[97]　薛宗渊. 电子信息技术在无人机系统中的应用 [J]. 信息记录材料，2019，20（11）：147-148.

[98]　曾珏. 物流无人机应用和发展研究 [J]. 内蒙古科技与经济，2019（20）：57-58.

[99]　陈仕洲. 解析植保无人机发展现状及未来展望 [J]. 农业开发与装备，2019（10）：36，40.

[100]　王卫东，李木易，邹强. 基于时间应力的装备预防性维修间隔期决策 [J]. 计算机与数字工程，2014，42（4）：606-608.

[101]　何松儒，周超，叶佳，等. 民用无人机地面站发展的分析研究 [J]. 数字技术与应用，2019，37（10）：227-229，231.

[102]　鲁志超，宋朝阳，李广，等. 一种多旋翼无人机弹簧夹持式云台设计 [J]. 机械设计，2019，36（10）：18-23.

[103]　马力鹤，马铭，李宏伟，等. 校企合作模式下无人机应用技术专业实训基地建设探索与实践 [J]. 教育现代化，

2019，83（6）：275-277.

[104]　黄莹，尹文龙. 多旋翼无人机在救援领域的应用与发展 [J]. 中国应急救援，2019（5）：31-34.

[105]　王磊，王昌昊. 无人机与常规航空器维修保障的比较研究 [J]. 成都航空职业技术学院学报，2015，31（2）：41-43.

[106]　毛一岚，康锐，马麟，等. 装备修复性维修工作项目确定方法 [J]. 北京航空航天大学学报，2011（8）：1039-1043.

[107]　陈登峰，王彦柱，姜翔，等. 基于差分 GPS 的无人机群小范围定位方法研究 [J]. 工业仪表与自动化装置，2019（5）：118-121.

[108]　高洪波，张银锋，唐志凯，等. 浅谈电动固定翼无人机的飞行前检查及调试 [J]. 装备维修技术，2019（4）：147.

[109]　熊猛. 无人机非接触式验电装置系统的开发与应用 [J]. 河南科技，2019（29）：72-74.

[110]　罗青. 基于 RCM 的设备维修决策方法及其应用研究 [D]. 杭州：浙江理工大学，2016.

[111]　吴翰，王正平，周洲，等. 多旋翼固定翼无人机多体动力学建模 [J]. 西北工业大学学报，2019，37（5）：928-934.

[112]　杨玉峰，蒋明争，张颖，等. 基于单光源的全双工可见光通信系统设计 [J]. 激光与光电子学进展，2019，56（1）：78-86.

[113]　FENG D CH，DU P F. UAS traffic management in low-altitude airspace based on three dimensional digital aerial corridor system [J]. Urban Intelligence and Application，2020：179-188.